Proportionalität

1 Beim Geldtausch:

Land	Währung	Menge	Ankauf	Verkauf
USA	Dollar	1	1,70 DM	1,80 DM
Japan	Yen	100	1,40 DM	1,48 DM

BEISPIEL: Die Bank kauft 10 $ für 17,00 DM an und verkauft sie für 18,00 DM.

a) Für 20 $ muss man der Bank _______ DM bezahlen.

b) Für 20 $ erhält man von der Bank _______ DM.

c) Das Ticket für das Baseball-Match kostet 25 $. Das sind _______ DM.

d) Für 250 DM gibt die Bank _______ Yen.

e) Für 2500 Yen muss man _______ DM an die Bank zahlen.

f) 125 $ werden in _______ DM umgetauscht und dann in _______ Yen.

g)* Für eine Dienstreise, die 10 Tage dauert, tauscht Frau Mai vorher 1500 $ ein. Nach der Reise tauscht sie 300 $, die sie nicht benötigt hat, zum Ankaufkurs zurück. Wie viel DM hat sie letztlich ausgegeben?

____

h) Herr Meier hat 1500 DM, Mrs. Baker 1000 $ und Herr Okoshi 80000 Yen. Rechne in DM um. Wer hat am meisten DM zur Verfügung?

1. __________ DM 2. __________ DM 3. __________ DM

2 Erkundige dich nach den aktuellen Kursen. Löse damit erneut die Aufgabe **1**.

Land	Währung	Menge	aktueller Kurs-Ankauf	aktueller Kurs-Verkau[f]
USA	Dollar	1	__________	__________
Japan	Yen	100	__________	

a) __________ **b)** __________ **c)** __________

e) __________ **f)** __________, __________ [g)] __________

h) 1. __________; 2. __________; 3. __________

3 Übertrage die Pfeildiagramme jeweils in eine Wertetabelle.
Stelle fest, ob direkte oder indirekte Proportionalität besteht.

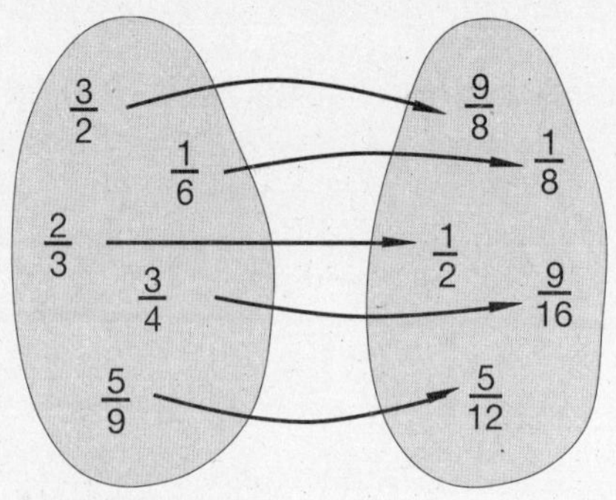

2/3
7/8
4/3
1/2
3
9/8
6/7
9/16
3/2
1/4

a)

x					
y					

________ Proportionalität

b)

x					
y					

________ Proportionalität

4 Ergänze die Tabellen so, dass direkte Proportionalität entsteht.

a)

x	15	19	31	47	50
y	30				

Proportionalitätsfaktor: ________

Gleichung: $y =$ ________________

b)

x	20	40			100
y		30	45	60	

Proportionalitätsfaktor: ________

Gleichung: $y =$ ________________

5 Ergänze die Tabellen so, dass indirekte Proportionalität entsteht.

a)

x	1,0	1,5	3,0	4,5	0,9
y		18			

Proportionalitätsfaktor: ________

Gleichung:

____

b)

x	2	20			0,4
y		0,8	10	0,2	

Proportionalitätsfaktor: ________

Gleichung:

____

6 In dem nebenstehenden Koordinatensystem sind zwei Zuordnungen dargestellt. Sie betreffen Gegenstände, die aus Stahl bzw. aus Kupfer bestehen.

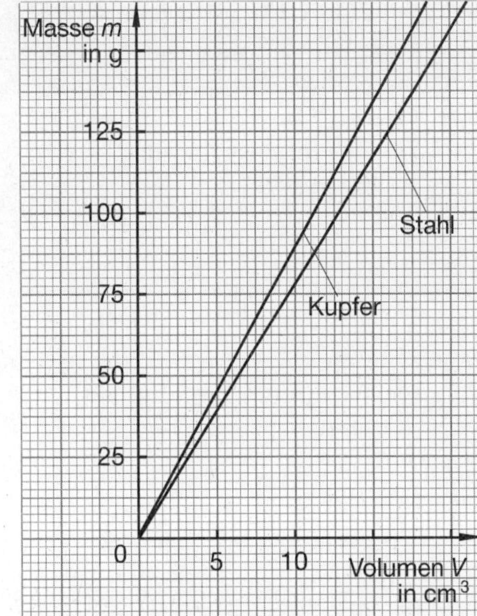

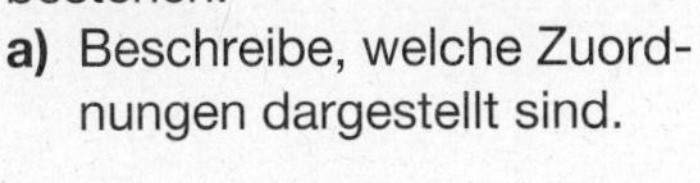

a) Beschreibe, welche Zuordnungen dargestellt sind.

____

____

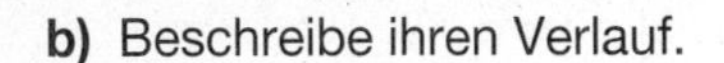

b) Beschreibe ihren Verlauf.

____

____

c) Bei Körpern aus Stahl besteht zwischen Volumen und Masse __________ Proportionalität. Bei Körpern aus Kupfer besteht zwischen Volumen und Masse __________ Proportionalität.

d) Ergänze die Wertetabellen. Lies dazu aus dem Diagramm ab.

Volumen V von **Stahl** (in cm^3)	5	15	
Masse m von **Stahl** (in g)			80

Volumen V von **Kupfer** (in cm^3)			12
Masse m von **Kupfer** (in g)	45	90	

e) Gib die Proportionalitätsfaktoren und eine Gleichung für die betrachteten Zuordnungen an.

Stahl: ______________ Kupfer: ______________

Stahl: $m =$ ______________ Kupfer: $m =$ ______________

f) Zeichne in das obige Diagramm die Beziehung zwischen Volumen und Masse für Körper aus Silber und für Wasser ein.

g) Warum verlaufen die Linien in dem Diagramm unterschiedlich steil?

____

A

7 In dem nebenstehenden Koordinatensystem ist eine Zuordnung dargestellt. Sie beschreibt eine Bewegung.

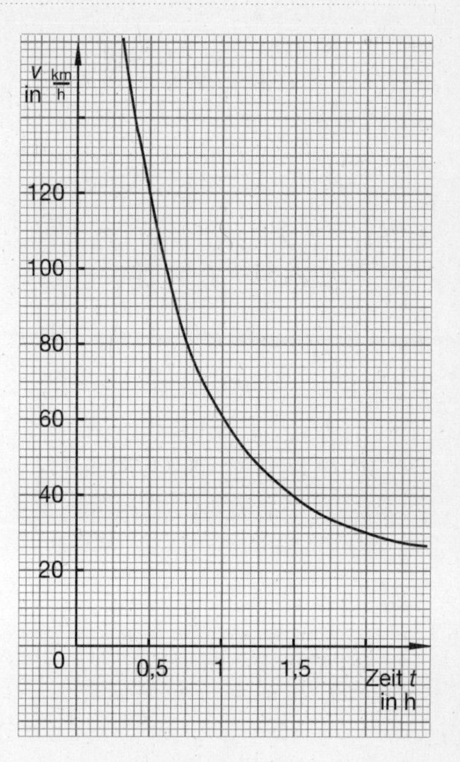

a) Was für eine Zuordnung wird dargestellt?

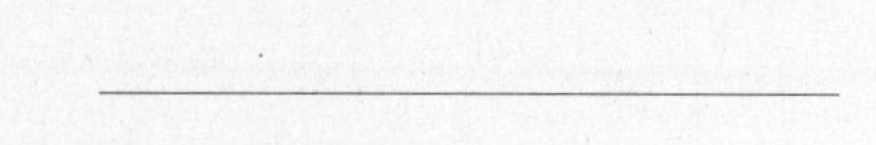

b) Beschreibe ihren Verlauf.

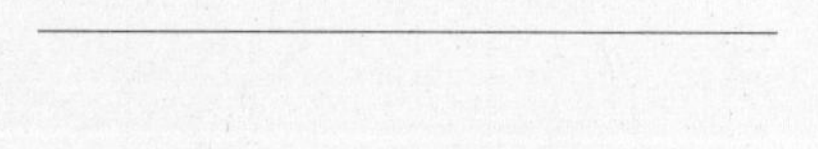

c) Bei feststehender Wegstrecke besteht zwischen Fahrzeit und Geschwindigkeit

__________ Proportionalität.

d) Ergänze die Wertetabelle. Lies dazu aus dem Diagramm ab.

Zeit t (in h)	0,5	1	1,5	2			
Geschwindigkeit v $\left(\text{in } \frac{\text{km}}{\text{h}}\right)$					45	75	100

e) Der Proportionalitätsfaktor für die betrachtete Zuordnung ist __________.

Die Wegstrecke ist __________ km lang.

f) Gib eine Gleichung für die betrachtete Zuordnung an.

____

g) Zwei Orte sind 50 km voneinander entfernt. Gib den Proportionalitätsfaktor und eine Gleichung für die Zuordnung zwischen Fahrzeit und Geschwindigkeit an.

Proportionalitätsfaktor: __________ Gleichung: __________________

h) Zeichne in das obige Diagramm die in **g)** beschriebene Beziehung ein.

Prozent- und Zinsrechnung

1 Gib jeden Anteil als Bruch und als Prozentsatz an.

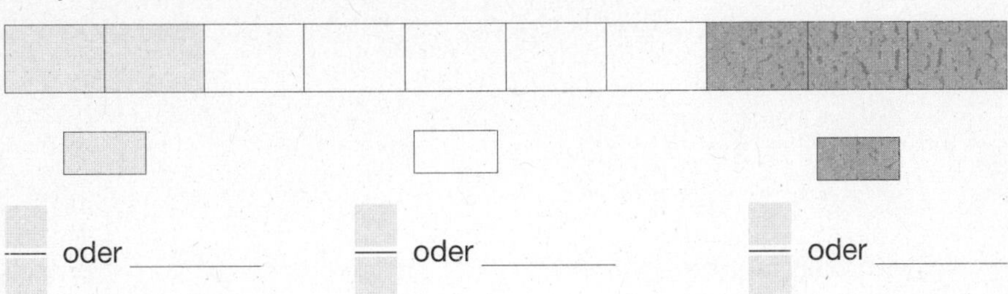

— oder ________ — oder ________ — oder ________

2 Färbe 20 % (—) rot und 30 % (—) grün. ___% (—) bleiben weiß.

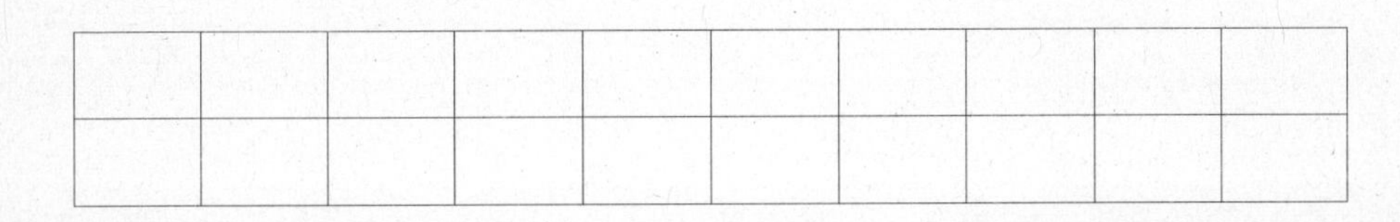

3 Färbe 10 % (—) rot und 30 % (—) grün. ___% (—) bleiben weiß.

4 Verfahre wie in Aufgabe **3**.

a) rot 25 %; grün $33\frac{1}{3}$ %; weiß ___ % **b)** rot 50 %; grün $33\frac{1}{3}$ %; weiß ___ %

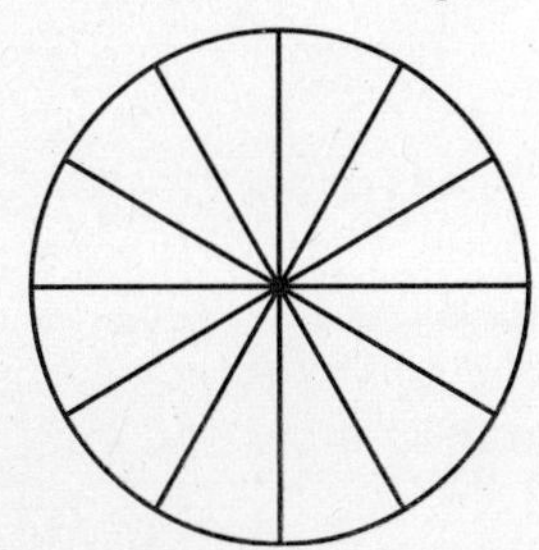

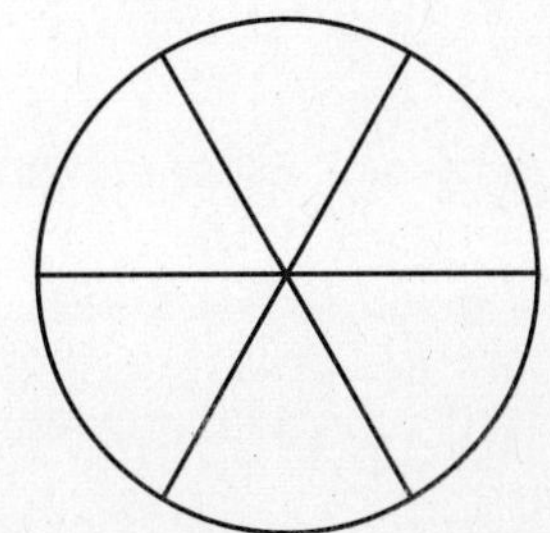

B

5 Vervollständige wie im Beispiel. BEISPIEL: $\frac{3}{4}$ von A sind 75 % von A.

a) $\frac{1}{4}$ von A sind _____ % von A.

b) $\frac{1}{5}$ von A sind _____ % von A.

c) _____ % von A sind $\frac{3}{5}$ von A.

d) _____ % von A sind $\frac{1}{3}$ von A.

e) $\frac{\square}{\square}$ von A sind 40 % von A.

f) $\frac{\square}{\square}$ von A sind 50 % von A.

g) 80 % von A sind $\frac{\square}{\square}$ von A.

h) $66\frac{2}{3}$ % von A sind $\frac{\square}{\square}$ von A.

6 Vervollständige die folgende Tabelle.

	BEISPIEL	a)	b)	c)	d)
Prozentsatz p	20 %		25 %	60 %	
Grundwert G	40 l	800 km		170 m	480 g
Prozentwert W	8 l	100 km	215 kg		160 g
doppelter p gleicher G	W = 16 l	W =	W =	W =	W =
doppelter G gleicher W	p = 10 %	p =	p =	p =	p =
halber p gleicher W	G = 80 l	G =	G =	G =	G =
doppelter p halber G	W = 8 l	W =	W =	W =	W =

7 Gegenstände aus Silber enthalten meist 80 % reines Silber. Daraus folgt:

a) Ein Ring von 12,5 g enthält ________ reines Silber.

b) Eine Kette von 37 g enthält ________ reines Silber.

c) Ein Tablett von 145 g enthält ________ reines Silber.

8 Wie viel DM gibt ein Haushalt in den neuen Bundesländern pro Monat für Freizeitaktivitäten aus? Die folgende Tabelle enthält durchschnittliche Angaben darüber (Daten aus den Statistischen Jahrbüchern von 1994 und 1996).

a) Zeichne für die monatlichen Ausgaben ein Streckendiagramm.

b) Berechne die jährliche Steigerung in DM und in %.

Jahr	monatliche Ausgaben in DM	Steigerung (jährlich)	
		in DM	in %
1991	430	–	–
1992	465		
1993	535		
1994	575		
1995	610		

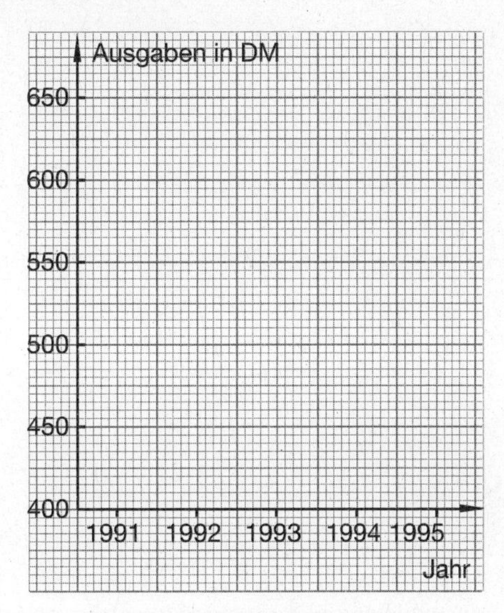

9 12- bis 18-jährige haben durchschnittlich 380 Minuten pro Tag für verschiedene Freizeitaktivitäten (einschließlich Ferien und Wochenenden). Die Tabelle enthält durchschnittliche Angaben, wofür sie diese Zeit verwenden (Statistisches Jahrbuch 1996). Ermittle die Anteile in Prozent und fertige ein Kreisdiagramm an.

Freizeitaktivität	Zeit in Minuten	Anteil in %
Fernsehen	120	
Spiele	60	
Besuche	55	
Sport	40	
Musik hören	30	
Lesen	20	
Sonstiges	55	

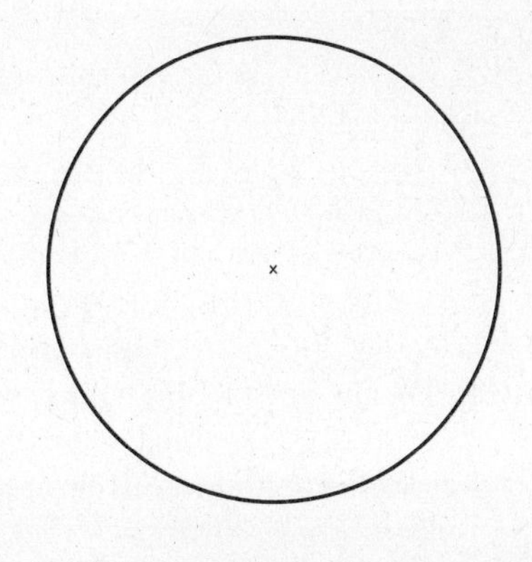

B

10 Fülle die Tabelle aus. Rechne im Kopf.

Guthaben in DM	100		200		4 000	2 000
Zinsen pro Jahr in %	3	3		3		3
Zinsen pro Jahr in DM		12	6	30	120	

11 Frau Taube hat auf einem Konto ein Guthaben in Höhe von 125 000 DM, das mit 4,5 % pro Jahr verzinst wird. Die Zinsen werden dem Konto nach einem Jahr gutgeschrieben. Zum gleichen Zeitpunkt will sie 50 000 DM abheben. Wie groß ist dann das Restguthaben?

____

12 Ingo borgt seinem Kollegen Jan 1 800 DM zu einem „freundschaftlichen" Zinssatz von 1,5 %, damit dieser die Kaution für eine Wohnung zahlen kann. Wie viel DM muss ihm Jan nach einem Jahr zurückzahlen?

____

13 Herr Bär nimmt ein Darlehen mit einer Laufzeit von einem Jahr auf und zahlt bei einem Zinssatz von 8,2 % genau 2 296 DM Zinsen.
Wie hoch ist das Darlehen?

____

14 Bei der Geburt ihrer Tochter Karoline legen Frau und Herr Storch ein Sparbuch an und zahlen 2 000 DM ein. Die Bank garantiert einen Zinssatz von 3 % p. a. (p. a. bedeutet pro Jahr). Die Zinsen werden am Jahresende gutgeschrieben. Wenn keine weiteren Ein- oder Auszahlungen erfolgen, dann sind zum 14. Geburtstag 3 025,18 DM fällig.

a) Um wie viel Prozent ist der eingezahlte Betrag in den 14 Jahren gewachsen? ______________

b) Wie viel DM würden zusammenkommen, wenn die Zinsen jeweils zum Jahresende abgehoben und in einem Sparschwein gesammelt würden? ______________

c) Um wie viel Prozent wäre dann der eingezahlte Betrag in den 14 Jahren gewachsen? ______________

B

15 Jana hat im vergangenen Jahr den Stand ihres Sparkontos verfolgt. Zum Glück gab es nicht viele „Bewegungen", das heißt Einzahlungen oder Auszahlungen. Sie stellt eine Tabelle auf:

Guthaben in DM	755	690	545	745	635
Anzahl der Tage mit diesem Guthaben	105	35	115	65	45

a) Fertige ein Streckendiagramm zu den Angaben der Tabelle an.

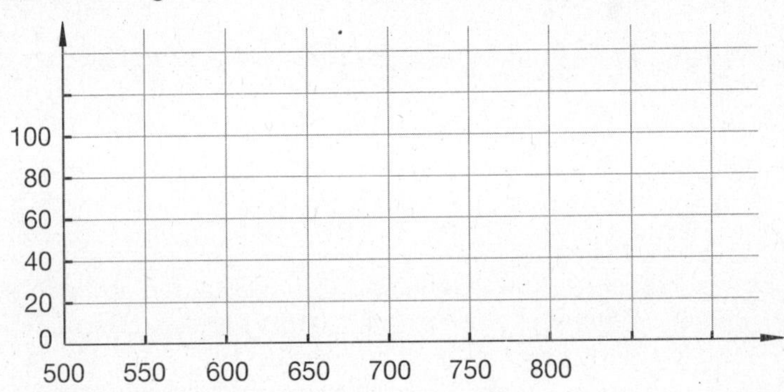

b) Wie viel DM hatte Jana im Durchschnitt?
Rechne: (105 · 755 + … + 45 · 635) : (105 + … + 45).

16* Die Mathe-Bank macht ein sonderbares Angebot: Primzahlzinsen. Am Jahresende wird ermittelt, wie viel DM im Durchschnitt auf dem Konto waren. Dann erhält die Kundin oder der Kunde für jede Primzahl bis zu diesem Durchschnittsbetrag eine Gutschrift von 0,10 DM als Zinsen. Fülle die Tabelle für dieses Angebot aus.

Durchschnittliches Guthaben x	Anzahl der Primzahlen bis x	„Primzahlzinsen"	Zinssatz
50 DM			
100 DM			
150 DM			
200 DM			
250 DM			

17* Manche Banken bieten je nach Höhe des Guthabens unterschiedliche Zinssätze an. So gibt es bei der Makro-Bank
- für Guthaben**anteile** bis 10000 DM 2,5% Zinsen und
- für Guthaben**anteile** über 10000 DM 3,0% Zinsen.

Fülle die folgende Tabelle für die Angebote der Makro-Bank aus.

Guthaben während eines ganzen Jahres	mit 2,5 % werden verzinst	Zinsen	mit 3,0 % werden verzinst	Zinsen	Gesamtzinsen
12320 DM					
			0 DM	0 DM	219 DM
	10000 DM	250 DM			400 DM

18 Paul möchte sich dringend ein Fahrrad kaufen. Er hat aber nur 200 DM. Diese verwendet er für einen Teil des Preises. Für die Restsumme muss er beim Händler einen Kredit aufnehmen.
Die folgenden Angebote hat er bei verschiedenen Händlern eingeholt.
Fülle die Tabelle für diese Angebote aus.

Preis des Fahrrads in DM	Eigenkapital in DM	Kreditsumme in DM	Kreditzins	zu zahlende Summe nach einem Jahr in DM
999,–	200,–	799,–	6,3 %	
	200,–	654,–	5,3 %	
	200,–		11,6 %	815,80
799,–	200,–			688,85

19 Welche Bank bietet den niedrigsten Zinssatz?
- **S-Bank:** Sie brauchen Bargeld? 25 000 DM für nur 3 499 DM Zinsen im Jahr!
- **L-Bank:** Kommen Sie zu uns, Sofort-Kredite 13,1% p.a. !
- **XL-Bank:** Schnell und sicher, 8 000 DM für nur 999 DM jährlich!
- **XXL-Bank:** Finanzieren Sie Ihre Wünsche, 15 000 DM bei 1 800 DM Zinsen p.a.!

20* Frau Amsel erhielt in einem Jahr 366 DM Zinsen bei einem Zinssatz von 3 %.
a) Wie viel DM hatte sie im Durchschnitt auf ihrem Konto?
b) Frau Amsel überlegt, im nächsten Jahr die Zinsen auf dem Konto zu belassen. Sie kann die Zinsen aber auch am Ende des Jahres abheben und auf einem Konto mit 4 % Zinsen anlegen. Welche Variante ist besser?

____

21 Clemens borgt seinem Kumpel 5 DM und verlangt dafür 5 Pfennige Zinsen pro Woche. Der protestiert heftig:

„Das ist unverschämt. Du verlangst ja ________ *Zinsen p. a.!"*

22 Die *A*-Bank lockt mit folgendem Angebot: Der Kunde legt 3 000 DM für 3 Jahre fest an. Er erhält dafür im ersten Jahr 4 % Zinsen, im zweiten Jahr 5 % Zinsen und im 3. Jahr 6 % Zinsen. Herrn Specht sagt das Angebot zu und er unterschreibt den Vertrag.
Wie viel DM erhält Herr Specht am Ende der drei Jahre ausgezahlt?
(Nutze die Tabelle zur Lösung.)

Jahr	Guthaben am Anfang des Jahres in DM	Zinsen für das Guthaben in diesem Jahr in DM	Guthaben am Ende des Jahres in DM
1.	3 000		
2.			
3.			

23 Herr Specht aus Aufgabe **22** hat einen Freund. Dieser Freund erzählt: *„Ich habe 3 000 DM bei der B-Bank angelegt und drei Jahre lang die Zinsen am Jahresende abgehoben und ins Sparschwein meines Sohnes gesteckt. Zum Schluss hatte ich nur 6 Pfennige weniger Zinsen als du."*
Welchen Zinssatz muss die *B*-Bank gezahlt haben, wenn das stimmen soll?

____

24 Frau Elster borgt Herrn Fuchs für ein Jahr 10 000 DM und verlangt dafür 1 400 DM Zinsen. Welcher Zinssatz verbirgt sich dahinter?

____

B

25 Fülle die folgendeTabelle aus.

Guthaben in DM	100	1000	500	2000	4000	12000
Zinssatz p.a. in %	3	6	3	3	4	12
Jahreszinsen in DM						
Monatszinsen in DM						

26 Herr Reich legt 12000 DM zu einem Zinssatz von 5% p.a. für 6 Monate an.
Wie viel DM Zinsen erhält er dafür?

27 Melanie hatte bisher als Azubi ein gebührenfreies Konto mit 2,5 % Zinsen pro Jahr. Nach ihrer Ausbildung soll sie jährlich 45 DM Gebühren zahlen. Sie informiert sich bei anderen Banken über deren Bedingungen.
Welche Bank ist die günstigste, wenn im Durchschnitt 800 DM auf Melanies Konto liegen? Fülle dazu die Tabelle aus.

Bank	Zinssatz	Zinsen	Gebühren	Kosten = Gebühren – Zinsen
A	3,5%		45 DM	
B	2,75%		40 DM	
C	2,25%		20 DM	

28 Es gibt viele Möglichkeiten, Geld gewinnbringend bei einer Bank anzulegen. Die Zinssätze für verschiedene Anlagemöglichkeiten sind allerdings sehr unterschiedlich. Die folgende Tabelle zeigt, wie sich 10000 DM Anfangskapital bei verschiedenen Anlagemöglichkeiten nach einem Jahr entwickelt haben. (Die Zahlenangaben stammen aus dem Jahr 1997.)
Ermittle den Gewinn nach einem Jahr und den zugehörigen Zinssatz p.a.

Anlageform	Aktien	Gold	Sparbuch	Eigenheim	Rentenpapiere
Kapital nach einem Jahr	10810 DM	10590 DM	10456 DM	10850 DM	10780 DM
Zinssatz p.a.					

Planimetrie

1 Wir konstruieren ein Dreieck ABC mit $b = 4$ cm, $c = 2{,}2$ cm und $\gamma = 30°$.

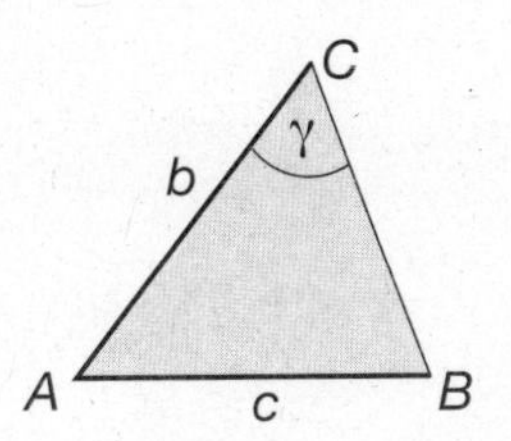

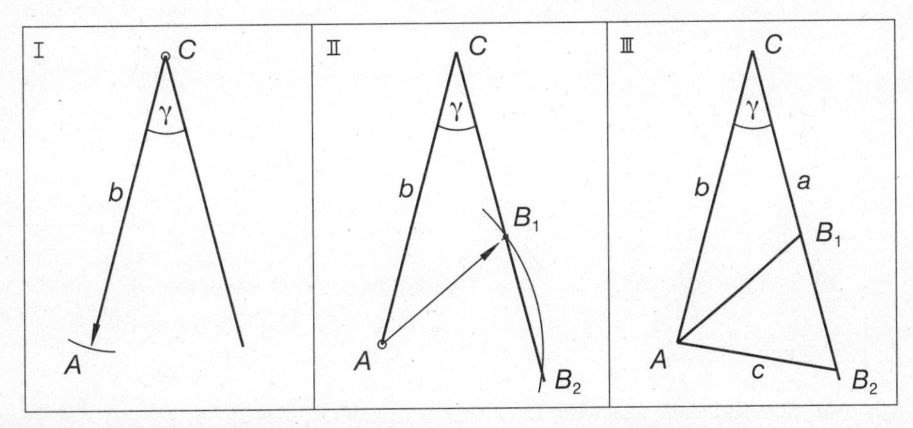

a) Beschreibe die Konstruktionsschritte und das Ergebnis.

____

____

____

____

b) Sind die Dreiecke AB_1C und AB_2C kongruent?

____

____

c) Zeichne die Höhe h_a ein. Miss dann jeweils die Seite a und die Höhe h_a.

$\triangle AB_1C$: ______________ $\triangle AB_2C$: ______________

d) Berechne den Umfang und den Flächeninhalt der beiden Dreiecke.

$\triangle AB_1C$: ______________ $\triangle AB_2C$: ______________

2 **a)** Konstruiere ein Dreieck *ABC* aus folgenden Stücken:
$a = 3{,}9$ cm,
$b = 5{,}3$ cm,
$\gamma = 90°$.

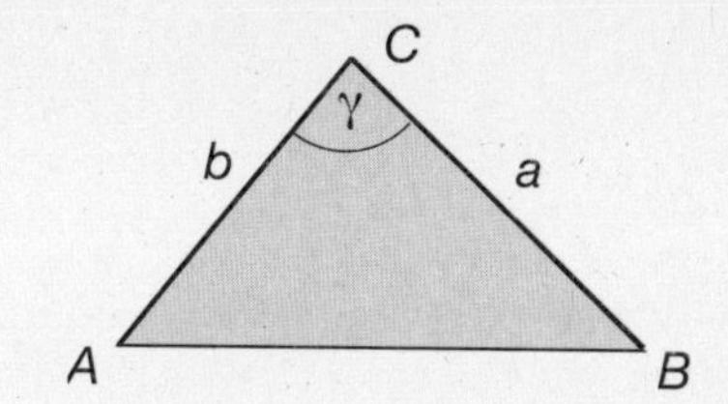

C
×

b) Zeichne die Höhen ein und ermittle ihre Länge. Was fällt dir auf?

h_a = ____________ h_b = ____________ h_c = ____________

c) Ermittle die folgenden Größen des Dreiecks *ABC*.

c = ________ α = ________ β = ________ $\alpha + \beta + \gamma$ = ________

u = ________ A = ____________

3 Kennzeichne in den Figuren gleich große Strecken und Winkel jeweils farbig. Gib zueinander kongruente Dreiecke an.

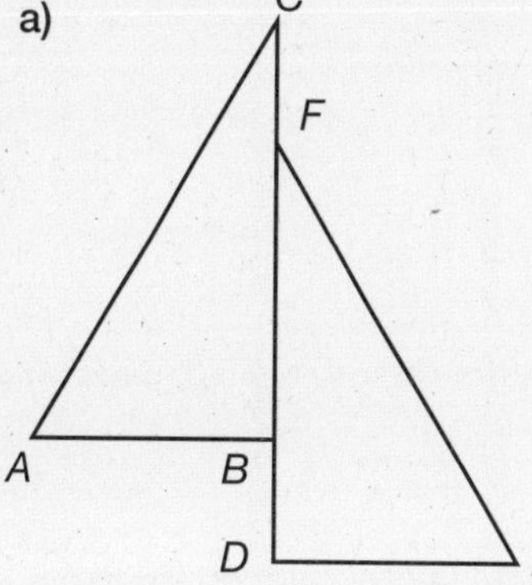

b)

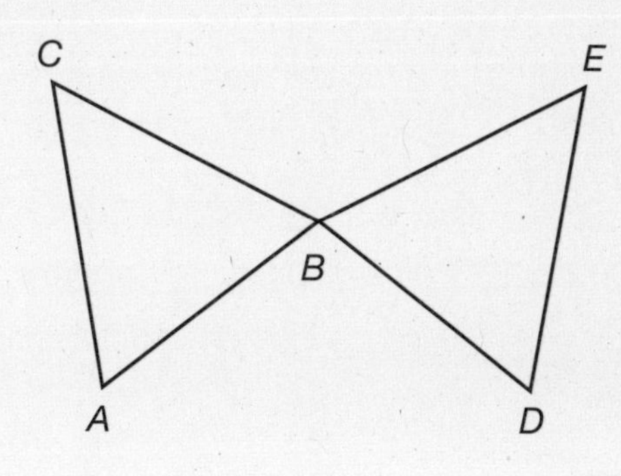

____________________ ____________________

4* Ein Dreieck *ABC* soll aus folgenden Stücken konstruiert werden:
$a = 5$ cm, $h_c = 4$ cm, $s_a = 4{,}5$ cm.

a) Es gibt zwei Möglichkeiten, ein solches Dreieck zu konstruieren. Zeichne beide Varianten.

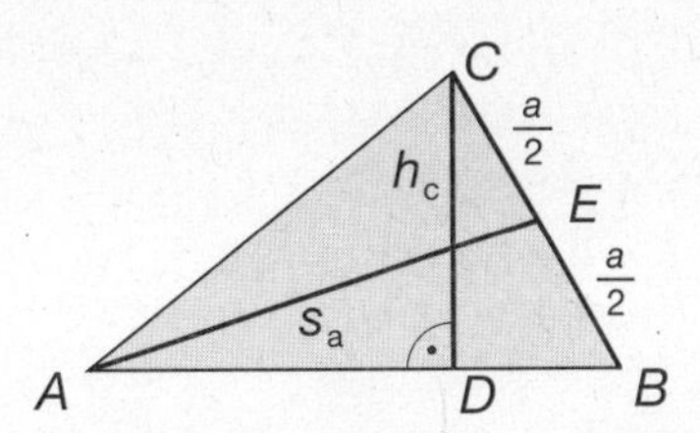

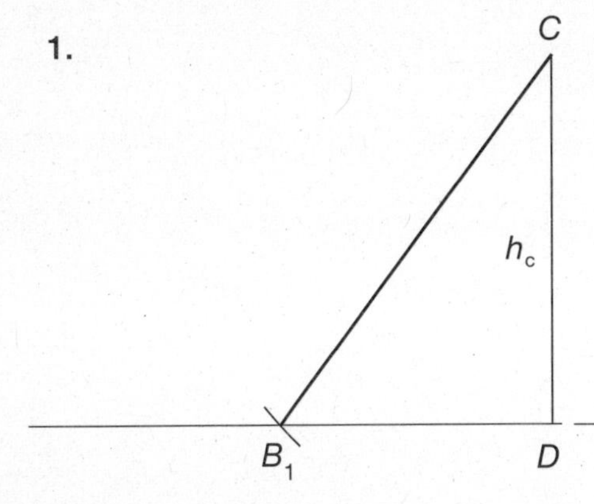

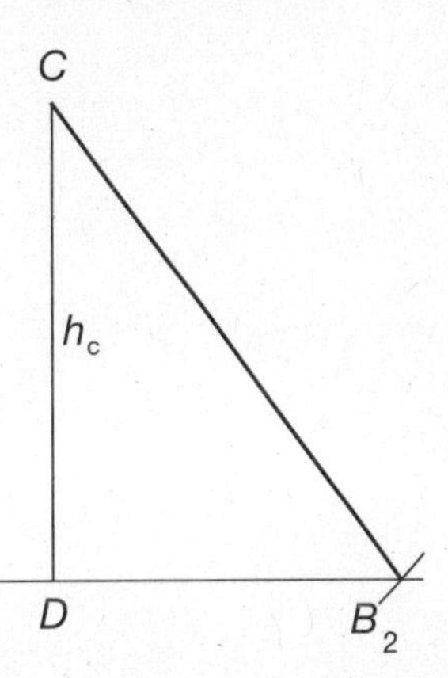

b) Miss jeweils die Seiten *b* und *c* sowie die Winkel α, β und γ.

$\triangle A_1B_1C$: b_1 = ______, c_1 = ______, α_1 = ______, β_1 = ______, γ_1 = ______

$\triangle A_2B_2C$: b_2 = ______, c_2 = ______, α_2 = ______, β_2 = ______, γ_2 = ______

c) Sind die Dreiecke A_1B_1C und A_2B_2C zueinander kongruent?

____

d) Ermittle für jedes der beiden Dreiecke den Umfang und den Flächeninhalt:

$\triangle AB_1C$: ______________ $\triangle AB_2C$: ______________

5 Berechne die Größe der nicht bekannten Innen- und Außenwinkel des Dreiecks *ABC*.

α = ______

α′ = ______

β′ = ______

γ′ = ______

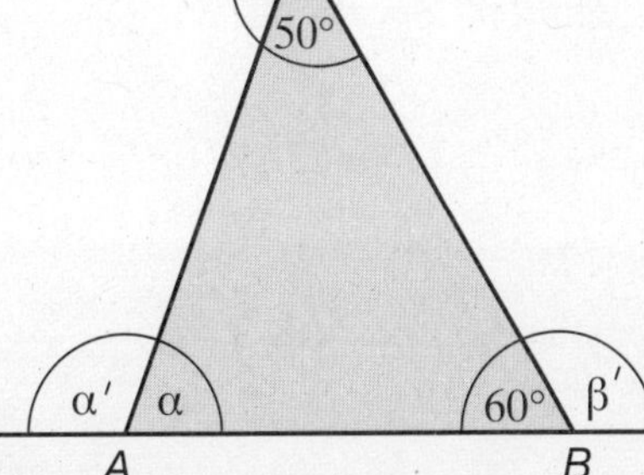

6 Drei Pfadfindergruppen planen eine Sternwanderung. Ihre Camps *A*, *B* und *C* liegen 8 km (von *A* bis *B*), 7 km (von *B* bis *C*) bzw. 6 km (von *A* bis *C*) auseinander.

a) Alle drei Gruppen sollen einen gleich langen Weg haben. Konstruiere den Treffpunkt *T*. Verwende eine Zeichnung im Maßstab 1 : 100 000 (1 km ≙ 1 cm).

×
A

b) Beschreibe die Lage des Treffpunktes *T*.

____

c) Wie weit ist *T* von *A* entfernt (Luftlinie)? ______________

7* Die Ecke *C* eines spitzwinkligen Dreiecks *ABC* liegt außerhalb des Zeichenblattes.

a) Konstruiere den Fußpunkt *D* der Höhe des Dreiecks, die durch *C* verläuft.

b) Kann man den Flächeninhalt und den Umfang des Dreiecks berechnen? Begründe.

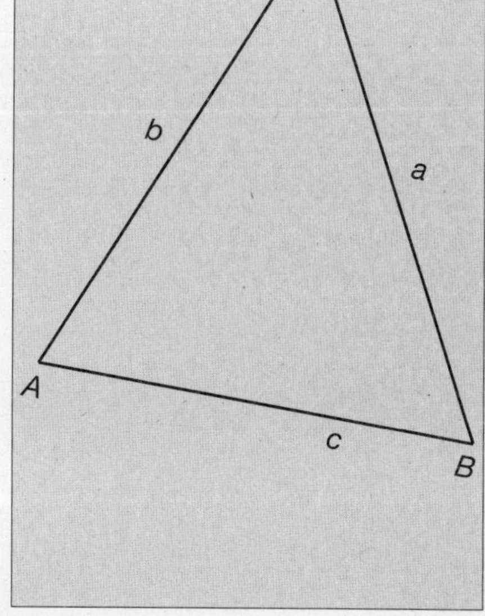

C

8 Überprüfe, welche Figuren kongruent sind. Begründe deine Entscheidung.

a)

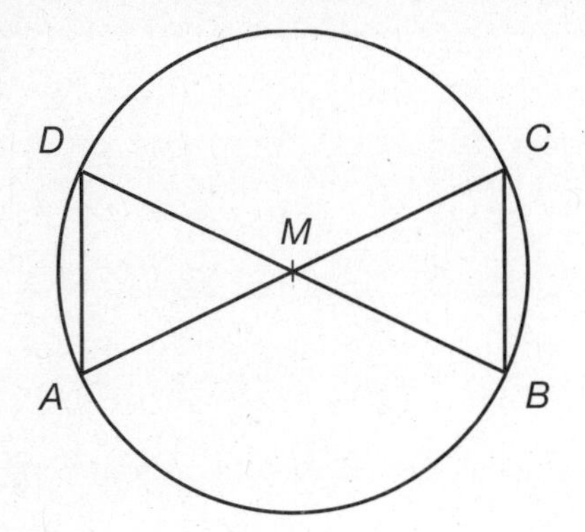

b)

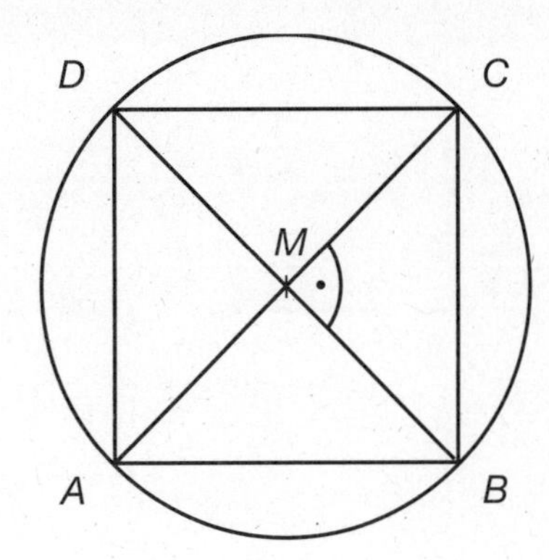

9 **a)** Vervollständige die Figur so, dass ein Parallelogramm *ABCD* entsteht.

b) Zeichne die Diagonalen des Parallelogramms ein und miss sie.

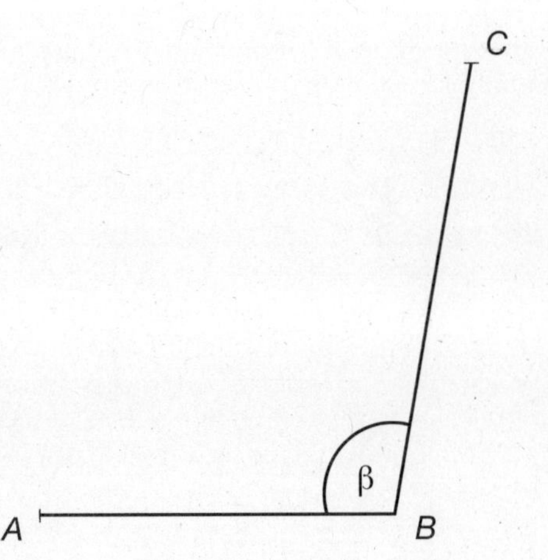

c) Wie kann man das Parallelogramm in kongruente Teildreiecke zerlegen? Begründe.

d) Ermittle die Summe der Innenwinkel des Parallelogramms. Welche Innenwinkel sind gleich groß?

e) Ermittle den Flächeninhalt A und den Umfang u des Parallelogramms.

C

10 Ermittle den Flächeninhalt und den Umfang der Vielecke.

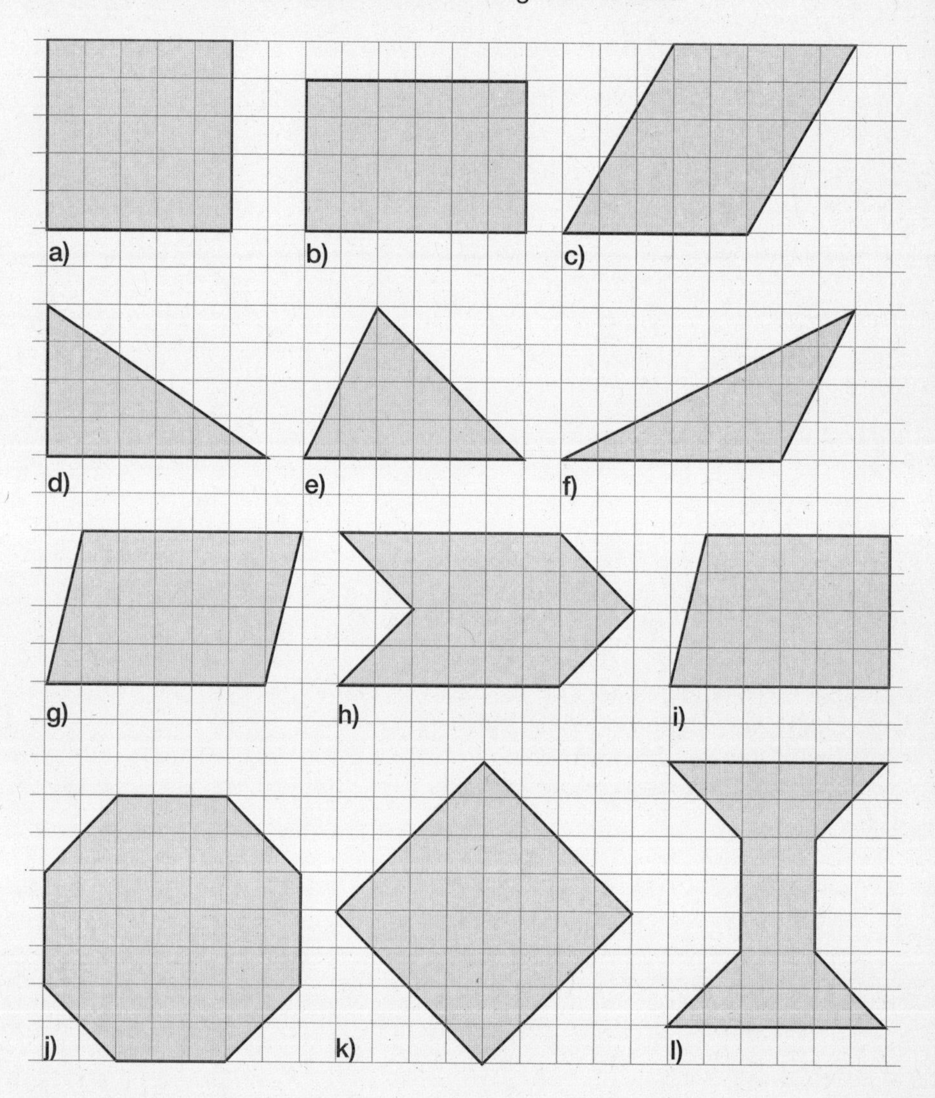

a) ______________________ b) ______________________

c) ______________________ d) ______________________

e) ______________________ f) ______________________

g) ______________________ h) ______________________

i) ______________________ j) ______________________

k) ______________________ l) ______________________

11 **a)** Zeichne in das Viereck *ABCD* die Mittelpunkte der Seiten ein und verbinde sie.
Was für ein Viereck entsteht?

____

b) Verbinde für das bei **a)** erhaltene Viereck ebenfalls die Seitenmitten.
Was für ein Viereck entsteht?

____

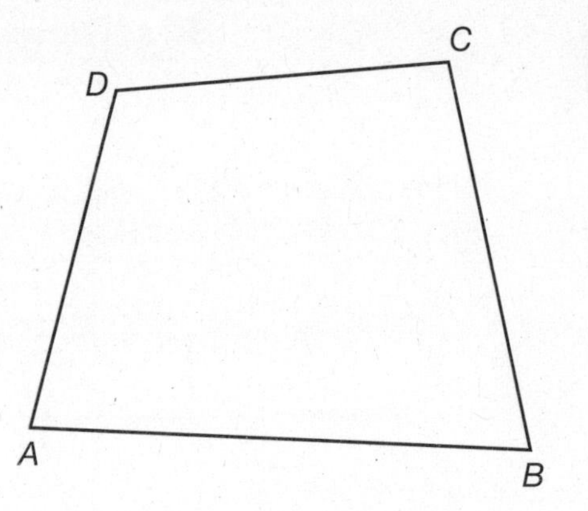

12 Ergänze für die Vierecke *ABCD* die fehlenden Winkelgrößen.

Viereck *ABCD*	α	β	γ	δ
Rechteck		90°		
Parallelogramm	52°			
Trapez	75°	40°		
Rhombus (Raute)		114°		

13 Welche der Eigenschaften (1) bis (11) treffen für die folgenden Vierecke zu?

Parallelogramm: ______________ Trapez: ______________

Drachenviereck: ______________ Quadrat: ______________

Rechteck: ______________ Rhombus (Raute): ______________

(1) Die gegenüberliegenden Seiten sind jeweils parallel.
(2) Die gegenüberliegenden Seiten sind jeweils gleich lang.
(3) Alle vier Seiten sind gleich lang.
(4) Zwei Seiten sind parallel zueinander.
(5) Das Viereck ist achsensymmetrisch.
(6) Die Diagonalen halbieren sich.
(7) Alle vier Winkel sind gleich groß.
(8) Gegenüberliegende Winkel sind gleich groß.
(9) Benachbarte Winkel ergänzen sich zu 180°.
(10) Die Diagonalen stehen senkrecht aufeinander und sind gleich lang.
(11) Das Viereck lässt sich in zwei kongruente Teildreiecke zerlegen.

Rationale Zahlen

1 Ordne den markierten Punkten Zahlen zu.

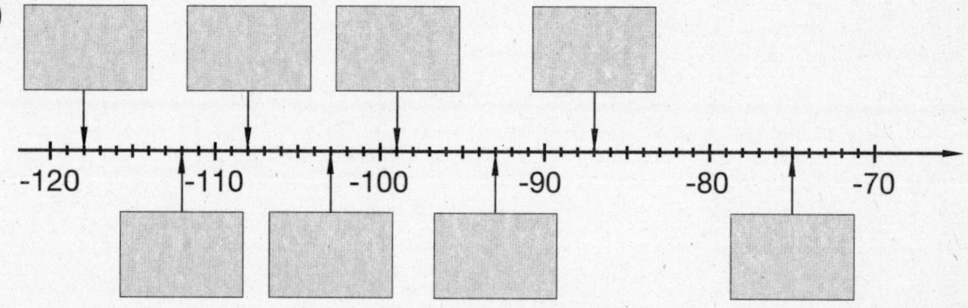

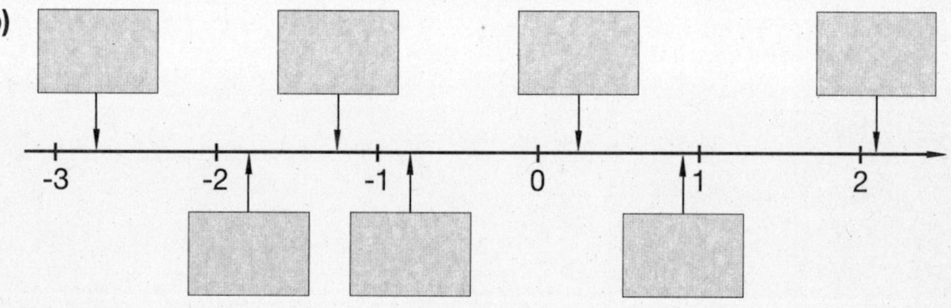

2 Ordne den folgenden Zahlen Punkte auf dem Zahlenstrahl zu.

a) – 62; – 53; – 45; – 48; – 69; – 39; – 57

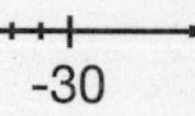

-80 -70 -60 -50 -40 -30

b) $-0{,}6$; $\frac{1}{10}$; $-1{,}8$; $\frac{4}{5}$; $0{,}1$; $-\frac{12}{10}$; $1{,}75$; $0{,}5$; $-\frac{9}{5}$; $-\frac{24}{20}$

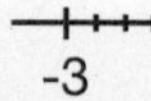

-3 -2 -1 0 1 2

3 **a)** Markiere in dem unten abgebildeten Koordinatensystem die folgenden Punkte und verbinde sie der Reihe nach.

A (4; 2)	B (8; 2)	C (10; 4)	D (8; 4)	E (8; 6)	F (6; 6)
G (6; 4)	H (6; 8)	I (5; 8)	K (5; 4)	L (3; 4)	A (4; 2)

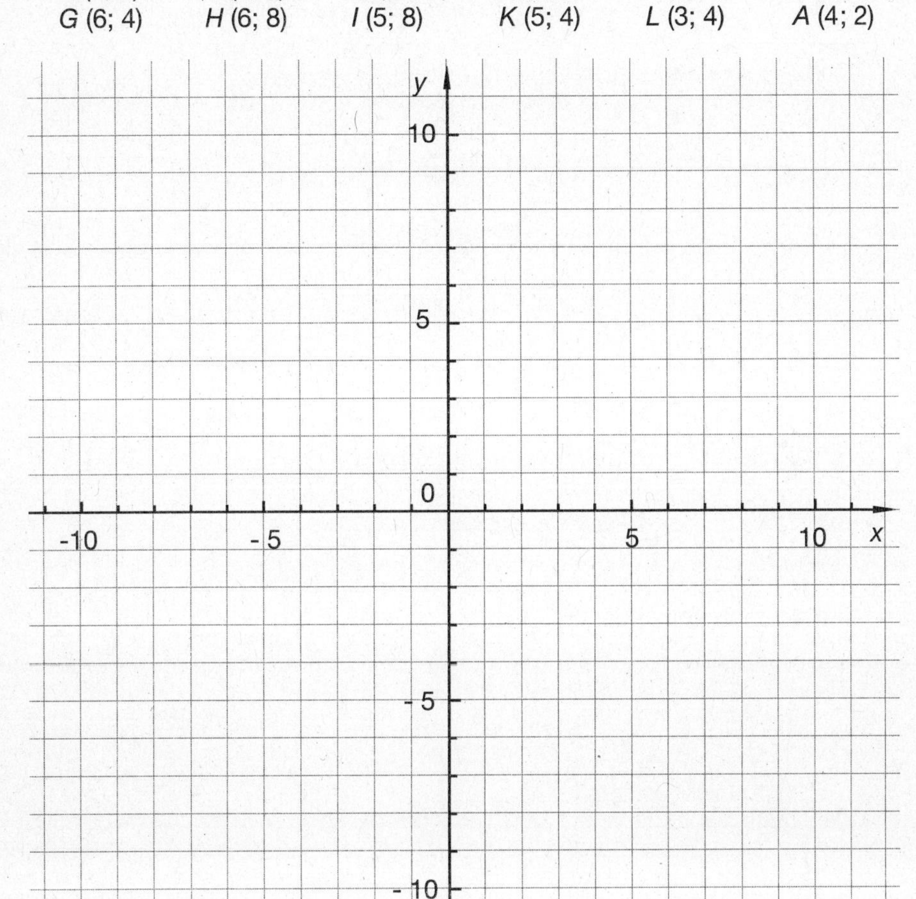

b) Ersetze die Koordinaten der einzelnen Punkte jeweils durch die zur gegebenen Zahl entgegengesetzte Zahl. Trage die so entstehenden Punkte in das Koordinatensystem ein.

c) Spiegele die ursprüngliche Figur zunächst an der x-Achse und dann an der y-Achse. Notiere jeweils die Koordinaten der einzelnen Bildpunkte. Was stellst du fest?

Spiegelung an der x-Achse: ______________________________

____

Spiegelung an der y-Achse: ______________________________

____

D

4 Ordne die Jahreszahlen der folgenden Ereignisse nach ihrer zeitlichen Reihenfolge.

63 v. Chr.	Kaiser AUGUSTUS (GAIUS OCTAVIUS) geboren.	________
1492 n. Chr.	KOLUMBUS entdeckt nach langer Seereise Amerika.	________
753 v. Chr.	Gründung der Stadt Rom	________
1889 n. Chr.	Bau des Eiffelturms in Paris	________
1456 n. Chr.	Gründung der Universität Greifswald	________
625 v. Chr.	Der griechische Mathematiker und Philosoph THALES VON MILET wird geboren.	________
1070 n. Chr.	Die Wartburg wird gebaut.	________
68 v. Chr.	CÄSAR wird Kaiser von Rom.	________

5 Ergänze die folgenden Tabellen.

a)

Zahl a	17,6			$-5{,}78$	$\frac{3}{4}$	
entgegengesetzte Zahl $-a$		12,4	$-\frac{7}{9}$			0

b)

a	4,87					
$-a$		3,78		$-9{,}8$		
$\lvert a\rvert$			2,5		$-3{,}4$	0,009

c)

a		-9802		$\frac{12}{3}$		
$-a$	$\frac{9}{11}$				$-\frac{5}{7}$	
$\lvert a\rvert$			$\frac{4}{3}$			$-5{,}602$

6 Das folgende Bild zeigt eine digitale Thermometeranzeige zu verschiedenen Zeitpunkten.

A	B	C	D	E	F
- 4,5 °C	- 5,5 °C	- 8,2 °C	- 1,4 °C	- 0,9 °C	0 °C

a) Zu welchem Zeitpunkt war es am wärmsten? ________

Zu welchem Zeitpunkt war es am kältesten ? ________

b) Ordne die Temperaturen der Größe nach. Beginne mit der niedrigsten.

________ ________ ________ ________ ________ ________

c)* Rechne alle Temperaturen in °F (Grad Fahrenheit) um. Für die Umrechnung gilt die Formel $T_F = 1{,}8 \cdot T_C + 32$ (T_F Temperatur in °F; T_C Temperatur in °C).
Ordne diese Werte wie in Aufgabe **b)**.

________ ________ ________ ________ ________ ________

7 Ordne der Größe nach. Beginne mit der kleinsten Zahl.

$-0{,}8;\ 6\frac{1}{2};\ -13{,}3;\ 10{,}5;\ -\frac{13}{2};\ -0{,}85;\ 10{,}49$

________ ________ ________ ________ ________ ________ ________

8 Gib jeweils die Zahl *c* an, die in der Mitte zwischen *a* und *b* liegt.

a	2	4	− 4	− 1	0,5	100	20
c							
b	− 2	5	− 5	− 9	− 0,7	50	− 2

9 Ergänze vier rationale Zahlen. Beachte die Kleinerzeichen.

$-35{,}4 <$ ________ $<$ ________ $<$ ________ $<$ ________ $< -34{,}9$

D

10 Fülle die Tabelle aus.

	Temperatur um 8 Uhr	Temperaturänderung bis 12 Uhr	Temperatur um 12 Uhr
a)	9 °C		12,5 °C
b)	18 °C	steigt um 4,5 Grad	
c)		sinkt um 2,5 Grad	– 5 °C
d)	– 7,5 °C		– 4 °C
e)		steigt um 7 Grad	2,5 °C
f)	– 4 °C	sinkt um 5 Grad	

11 Ergänze die fehlenden DM-Beträge.

a)

alter Kontostand	Kontobewegungen	neuer Kontostand
780 DM	– 320 DM	
–	– 450 DM	
–	– 137 DM	

b)

alter Kontostand	Kontobewegungen	neuer Kontostand
	– 203 DM	
–	– 497 DM	
–	+ 1874 DM	498 DM

12 Berechne möglichst vorteilhaft.

a) $(-7) + 14 + (-5) + 12 + (-5) =$ ____________________

b) $43 + 19 + (-23) + (-9) + (-10) =$ ____________________

c) $125 + (-87) + 13 + (-25) + (-13) =$ ____________________

13 Schreibe zuerst als Summe und berechne dann.

a) $45 - (-27) =$ ______________ = ______________

b) $(-37) - (-67) =$ ______________ = ______________

c) $765 - (+324) =$ ______________ = ______________

d) $(-89) - (+92) =$ ______________ = ______________

14 Berechne folgende Produkte und Quotienten.
Überlege zuerst, welches Vorzeichen das Ergebnis hat. Die Rechnung kannst du im Kopf ausführen.

a) $4 \cdot (-12) =$ ______________

b) $(-7{,}5) : (-2{,}5) =$ ______________

c) $(-9) : (-4{,}5) =$ ______________

d) $(-0{,}3)^3 =$ ______________

e) $\left(-\frac{4}{5}\right) \cdot (-10) =$ ______________

f) $\left(-\frac{8}{9}\right) : \frac{2}{9} =$ ______________

g) $\left(-\frac{2}{5}\right) \cdot \frac{1}{3} =$ ______________

h) $\left(-\frac{1}{3}\right)^2 =$ ______________

15 Fülle die folgende Tabelle aus. Überlege zuerst, welches Vorzeichen das Ergebnis hat. Mache im Kopf einen Überschlag und rechne dann.

a	b	$a + b$	$a : b$	$(a - b) \cdot 4$
42	− 21			
− 9,8	2,2			
− 85	− 149			
0,82	0,68			
209	− 4,82			
− 0,75	− 12,5			
− 41,9	51,9			
45	76			

Kreis, Kreisberechnung

1 Ermittle jeweils den Durchmesser und den Radius des Kreises.

a) ______________ **b)** ______________ **c)** ______________

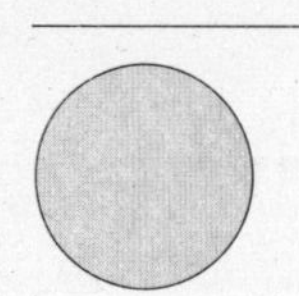

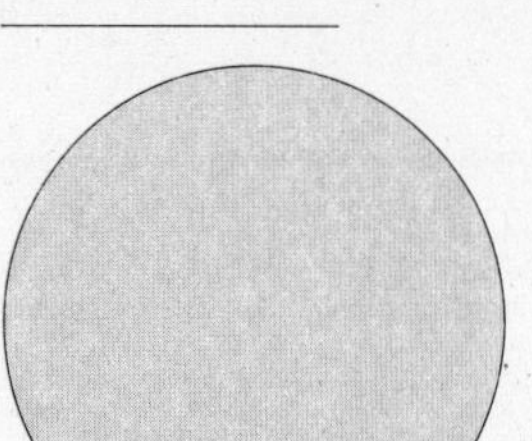

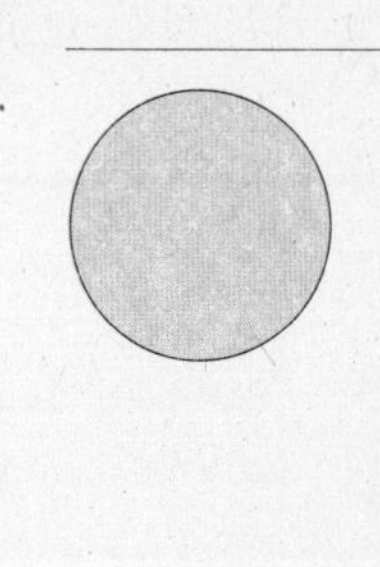

2 Lege dein Lineal an die Punkte P und A_1. Drehe nun das Lineal um den Punkt P, sodass es durch die Punkte P und A_2, P und A_3, ... geht. Ergänze die Tabelle.

Gerade	Anzahl der Punkte, die Gerade und Kreis gemeinsam haben
PA_1	0
PA_2	
PA_3	
PA_4	
PA_5	
PA_6	

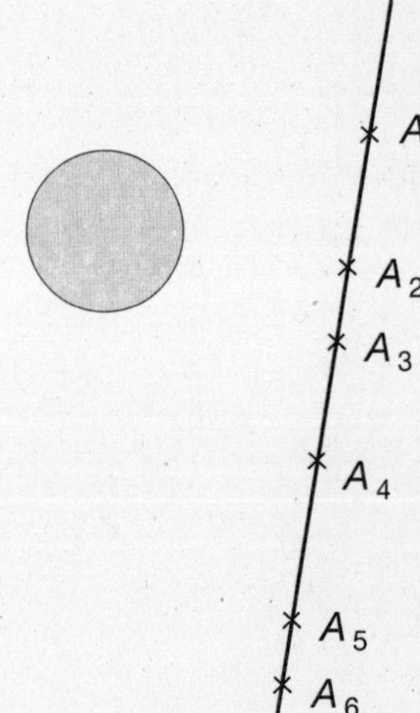

3 Zeichne in verschiedenen Farben eine Sekante (rot), einen Durchmesser (blau), eine Sehne (grün) und eine Tangente (schwarz) in den nebenstehenden Kreis.

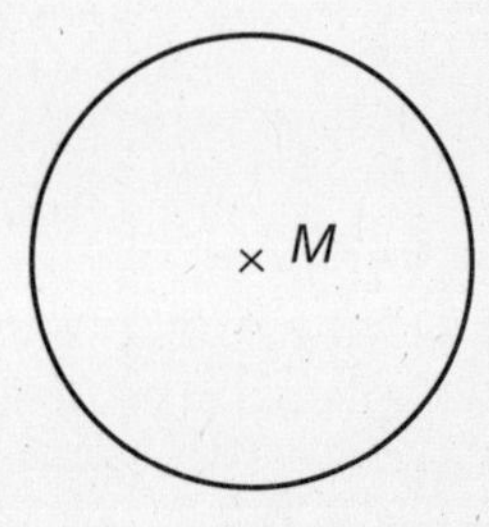

4 Wie lang ist die Kreislinie?

a) Versuche, die Länge der Kreislinie des abgebildeten Kreises ungefähr zu ermitteln. (Hinweis: Lege eine Schnur entlang der Kreislinie und miss deren Länge.)

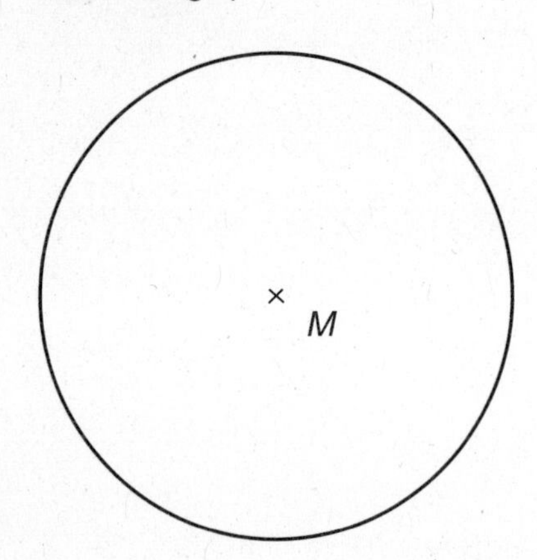

b) Vergleiche den Umfang des Kreises mit dem Umfang des Sechsecks und dem Umfang des Vierecks.

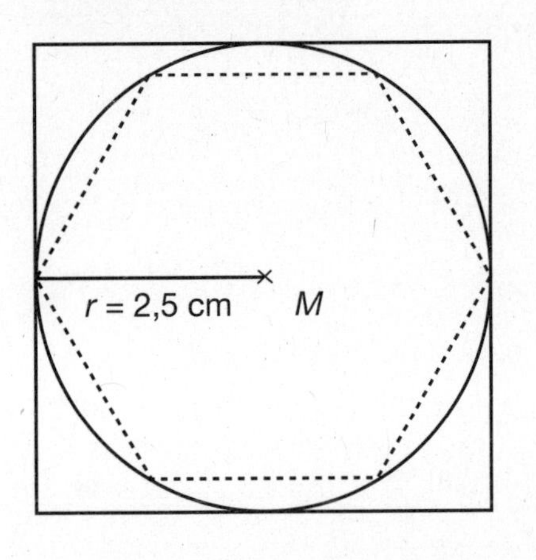

5 Berechne den Umfang des Kreises.

a) $r = 2{,}7$ cm — $u =$ ______

b) $r = 4{,}7$ m — $u =$ ______

c) $r = 12{,}5$ mm — $u =$ ______

d) $r = 71{,}4$ m — $u =$ ______

e) $d = 8{,}4$ cm — $u =$ ______

f) $d = 24$ m — $u =$ ______

6 Berechne jeweils die fehlenden Größen u, d bzw. r.

BEISPIEL: $u = 132$ cm; $d = \frac{u}{\pi} = 42$ cm; $r = 21$ cm (sinnvoll gerundet)

a) $u = 3{,}08$ m ______ ______

b) $u = 66$ cm ______ ______

c) $d = 4{,}6$ m ______ ______

d) $d = 0{,}78$ m ______ ______

7 Berechne den Umfang der abgebildeten Figuren.

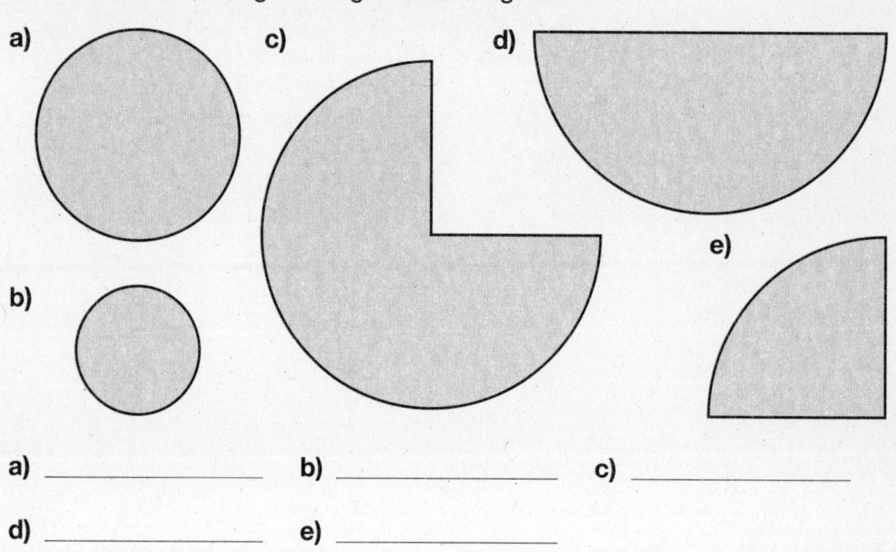

a) ______________ b) ______________ c) ______________

d) ______________ e) ______________

8 Passt das Band um den Zylinder? Begründe deine Antwort.

____

____

9* Wie lang ist die Schnur, die auf die Rolle gewickelt ist?

10 Gib jeweils den Flächeninhalt des Vierecks an und vergleiche diesen mit dem Flächeninhalt A des Kreises.

A ist kleiner als ______________.

A ist größer als ______________.

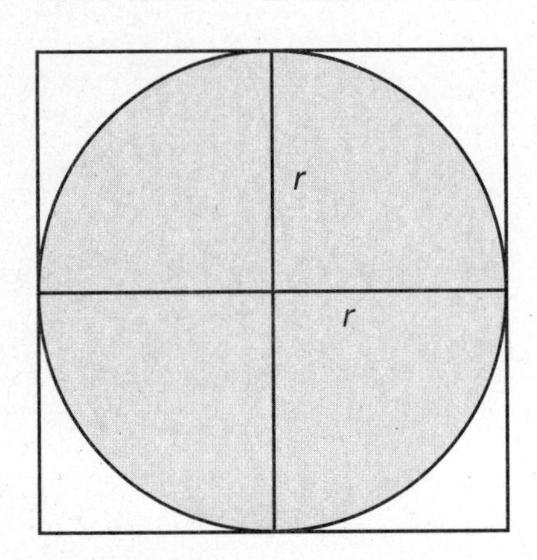

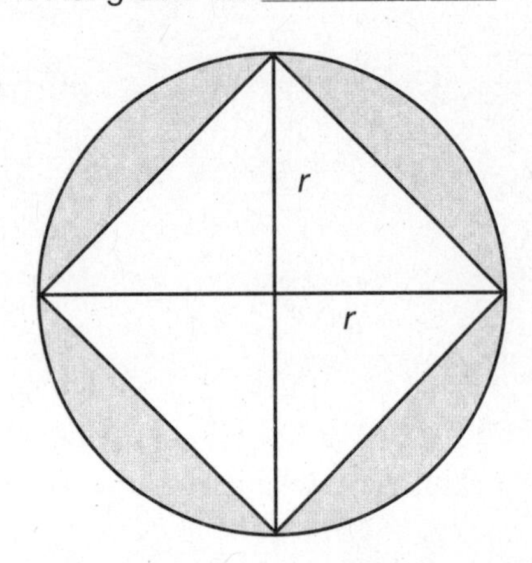

11 **a)** Die Abbildung zeigt einen Kreis mit dem Radius r. Zähle den Flächeninhalt A des Kreises aus.
Berechne dann den Quotienten aus A und r^2.

b) Zeichne einen weiteren Kreis mit dem Mittelpunkt M ein und verfahre genau so wie bei Aufgabe **a)**.
Was stellst du fest?

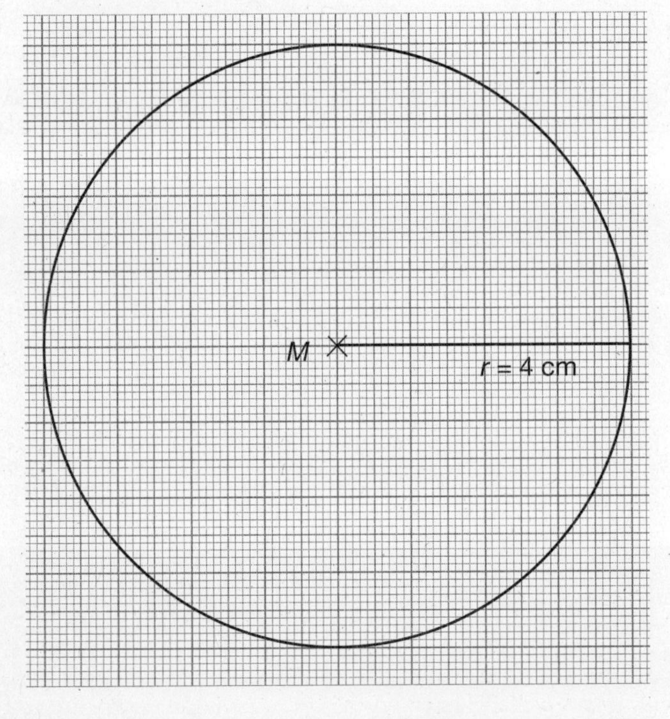

a) $A \approx$ ______________

$r = 4$ cm

$r^2 =$ ______________

$\frac{A}{r^2} =$ ______________

b) $A \approx$ ______________

$r =$ ______________

$r^2 =$ ______________

$\frac{A}{r^2} =$ ______________

12 Berechne den Flächeninhalt des Kreises.

a) $r = 6$ cm **b)** $r = 4,5$ cm

$A =$ ______ $A =$ ______

c) $r = 2,8$ cm **d)** $d = 10$ cm

$A =$ ______ $A =$ ______

e) $d = 5$ m **f)** $d = 0,5$ cm

$A =$ ______ $A =$ ______

> BEISPIEL:
>
> gegeben:
> $r = 3,5$ cm
> gesucht: A
>
> $A = \pi r^2$
> $A = 38\ \text{cm}^2$
> (sinnvoll gerundet)

13 Berechne den Radius des Kreises.

a) $A = 100\ \text{cm}^2$ **b)** $A = 2\ \text{m}^2$

$r =$ ______ $r =$ ______

c) $A = 203\ \text{cm}^2$ **d)** $A = 0,5\ \text{m}^2$

$r =$ ______ $r =$ ______

e) $A = 12\ \text{cm}^2$ **f)** $A = 540\ \text{mm}^2$

$r =$ ______ $r =$ ______

> BEISPIEL:
>
> gegeben:
> $A = 60\ \text{cm}^2$
> gesucht: r
>
> $A = \pi r^2$
> $r^2 = \frac{A}{\pi}$
> $r^2 = 19,099\ \text{cm}^2$
> $r = 4,4$ cm

14 Berechne den Flächeninhalt und den Umfang der Figuren.

a)

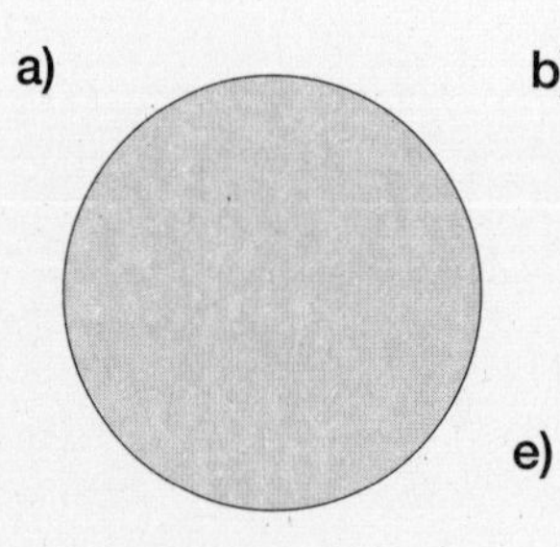

b) c) d)

e)

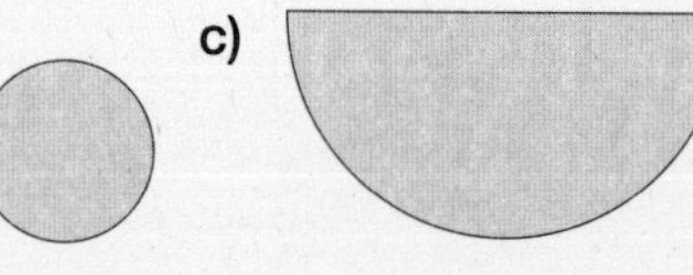

f)

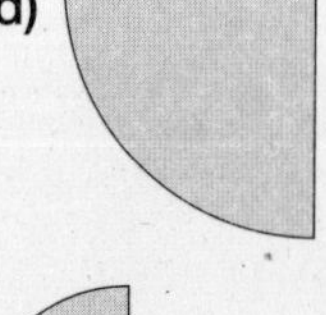

a) ______ **b)** ______

c) ______ **d)** ______

e) ______ **f)** ______

Gleichungen

1 Berechne die Terme in der folgenden Tabelle.

x	$x + x$	$1{,}5 \cdot x$	$\frac{1}{2} \cdot x$	$2 \cdot x + 1$	$3 \cdot x - x$
3					
0					
− 1					
0,2					
100					
− 1,5					
			5		
	− 10				
$\frac{9}{4}$					
$\frac{1}{2}$					

2 **a)** In Aufgabe **1** stimmen die Ergebnisse in 2 Spalten überein. Woran liegt das?

b) In Aufgabe **1** sind die Ergebnisse einer Spalte dreimal so groß wie die Ergebnisse einer anderen Spalte. Woran liegt das?

c) Erkläre den Unterschied der Ergebnisse der vorletzten und der letzten Spalte aus Aufgabe **1**.

3 Überprüfe, ob die angegebenen Zahlen Lösungen der Gleichungen sind.

		2	3	0	– 1	– 3
a)	$5 \cdot x = -15$	nein				
b)	$x \cdot (x + 1) = 0$					
c)	$2 \cdot x + 3 = x + 6$					
d)	$\lvert x - 4 \rvert = 1$					
e)	$\frac{6}{x} = 3$					

4 Durch welche Umformung kommt man von Gleichung I zu Gleichung II?

	Gleichung I	Gleichung II	Umformung
a)	$170 + 2 \cdot x = 200$	$2 \cdot x = 30$	
b)	$21 \cdot x = 63$	$7 \cdot x = 21$	
c)	$2 \cdot x - 84 = 100$	$2 \cdot x = 184$	
d)	$x : 24 = 3$	$3 \cdot x : 24 = 9$	
e)	$6 - x = x + 2$	$6 = 2 \cdot x + 2$	
f)	$12 \cdot x - 5 = 3 \cdot x + 4$	$12 \cdot x = 3 \cdot x + 9$	
g)	$-20 \cdot x = 50$	$10 \cdot x = -25$	
h)	$4{,}4 - 3 \cdot x = x$	$4{,}4 = 4 \cdot x$	
i)	$\frac{45}{3 \cdot x} = 12$	$45 = 36 \cdot x$	

5 Löse die Gleichungen II aus Aufgabe **4** möglichst im Kopf.

a) ________ **b)** ________ **c)** ________ **d)** ________ **e)** ________

f) ________ **g)** ________ **h)** ________ **i)** ________

6 Gib eine äquivalente Umformung von Gleichung I zu Gleichung II an.

a)

I	II	äquivalente Umformung
$x+7=12$	$x=5$	
$5\cdot x-3=12$	$5\cdot x=15$	
$4\cdot x-9=x$	$4\cdot x=x+9$	
$2\cdot x=x+1$	$x=1$	

b)

I	II	äquivalente Umformung
$(-12)\cdot x=6$	$x=-0{,}5$	
$x^2=x$	$x=1$	
$10\cdot x=0$	$x=0$	
$30=9\cdot x-6$	$36=9\cdot x$	

7 Löse die folgenden Verhältnisgleichungen.

a) $\frac{x}{12}=\frac{2}{3}$ ______

b) $\frac{5}{9}=\frac{x}{6}$ ______

c) $\frac{2\cdot x}{9}=\frac{20}{3}$ ______

d) $\frac{12}{x}=\frac{4}{3}$ ______

e) $\frac{50}{x}=\frac{2}{3}$ ______

f) $\frac{9}{10}=\frac{3\cdot x}{20}$ ______

g) $4{,}5 : 2{,}7 = x : 0{,}3$ ______

h) $25 : 12 = 50 : x$ ______

8 Wo steckt der Fehler? Löse danach die Gleichung richtig und mache die Probe.

a)
$$3\cdot x=4+x$$
$$4\cdot x=4$$
$$x=1$$

P.: ______

b)
$$7\cdot x=0$$
$$7=x$$

P.: ______

c)
$$15-3\cdot x=x+3$$
$$12=-2\cdot x$$
$$x=-6$$

P.: ______

9* Löse die Gleichung. Ändere die Zahl im Kästchen so, dass eine negative Zahl als Lösung entsteht.

a) $3 \cdot x = \boxed{8} + x$ ______ **b)** $15 \cdot x = \boxed{3} \cdot x$ ______ **c)** $\boxed{12} - 2 \cdot x = x$ ______

neue Zahl im Kästchen: ______ neue Zahl im Kästchen: ______ neue Zahl im Kästchen: ______

10 *a* sei eine Zahl. Schreibe einen Term für

a) das Doppelte der Zahl: ______ **b)** die Hälfte der Zahl: ______

c) den Kehrwert der Zahl: ______ **d)** die um 5 kleinere Zahl: ______

e) das Produkt der Zahl mit der um 1 größeren Zahl: ______

f) den Quotienten aus dem Dreifachen der Zahl und 10: ______

11 Schreibe als Gleichung und löse diese.

		Gleichung	Lösung
a)	Das Doppelte einer Zahl ist 21.		
b)	Das Vierfache einer Zahl ist – 12.		
c)	Das um 4 vergrößerte 3-fache einer Zahl ist 22.		
d)	Das 5-fache einer Zahl verhält sich zu 6 wie 10 zu 3.		
e)*	Die Hälfte einer Zahl und das Doppelte der Zahl ergeben 15.		

12 Übersetze in eine Gleichung und löse diese. (Beachte, dass die Skizzen nicht immer maßstäblich sind.)

a) Quadrat mit Seiten a, a, a, a; $u = 96$ cm

b) Rechteck mit Seiten 18 cm, b, b, 18 cm; $u = 170$ cm

c) Rechteck mit Seiten a, 15 cm, 15 cm, a; $A = 135\ \text{cm}^2$

d) Quadrat mit Seiten a, a, a, a; $A = 289\ \text{cm}^2$

e) Figur mit Seiten 30 cm, 30 cm, 40 cm, x, $2 \cdot x$; $u = 140$ cm

f)* Figur mit Seiten x, x, 30 cm, 25 cm; $A = 725\ \text{cm}^2$

13* Bilde eine Gleichung der Form $a \cdot x + b = c \cdot x + d$ ($a, b, c, d \in \mathbb{N}$) mit der angegebenen Eigenschaft.

a)

$x = 1$ ist einzige Lösung.	
$x = 3$ ist einzige Lösung.	
Es gibt genau 2 Lösungen.	
Jede Zahl ist eine Lösung.	

b)

$x = 2$ ist einzige Lösung.	
$x = 0$ ist einzige Lösung.	
Es gibt mehrere Lösungen.	
Es gibt keine Lösung.	

Stereometrie

1 Das Prisma wurde durch einen Schnitt in zwei Teilkörper zerlegt, aus denen man einen Quader zusammensetzen kann.
Vervollständige zuerst die Schnittflächen in den Schrägbildern ($q \approx 0{,}5$).
Gib dann die Maße der entstehenden Quader in der Form $a \times b \times c$ (in Kästchenbreiten) an. Beachte dabei, dass eine Kästchendiagonale etwa 1,5-mal so lang wie eine Kästchenbreite ist.

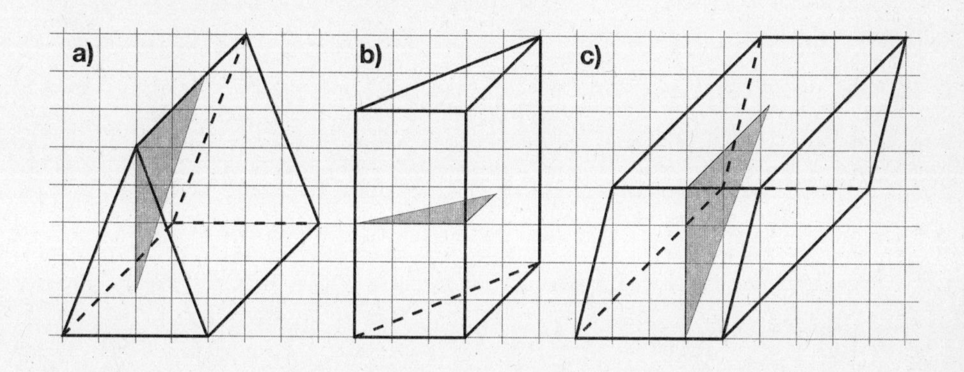

2 Skizziere auf dem Karopapier Schrägbilder der Quader mit den angegebenen Maßen. (Wähle die Lage der Körper so, dass die Eckpunkte möglichst mit Gitterpunkten übereinstimmen.)

a) Quader mit Kanten von 3,5 cm; 3 cm; 2 cm Länge

b) Würfel mit Kanten von 3 cm Länge

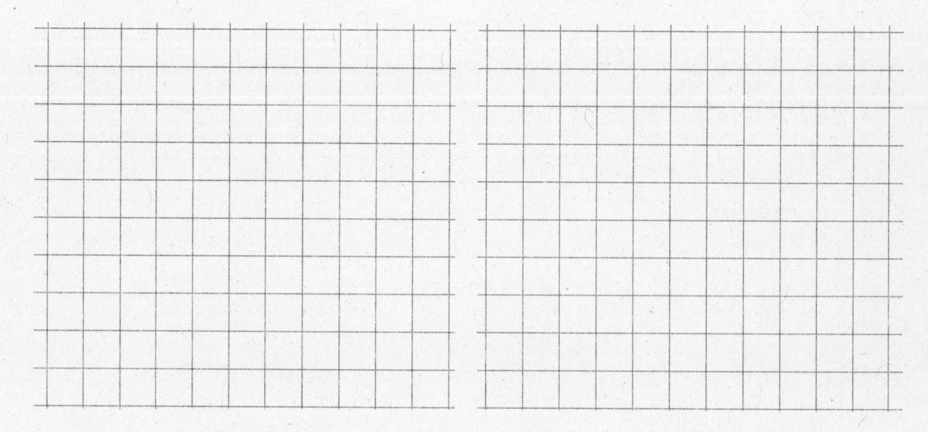

c) Zeichne in die Körper jeweils eine Schnittebene so ein, dass die Körper in zwei Prismen mit rechtwinkligen Dreiecken als Grundfläche zerlegt werden. Wie viele Möglichkeiten gibt es dafür?

3 Zeichne jedes Mal zu dem Schrägbild des Prismas ein Zweitafelbild. Die Achse, von welcher der Grundriss 1 cm Abstand haben soll, ist bereits eingezeichnet.

a)

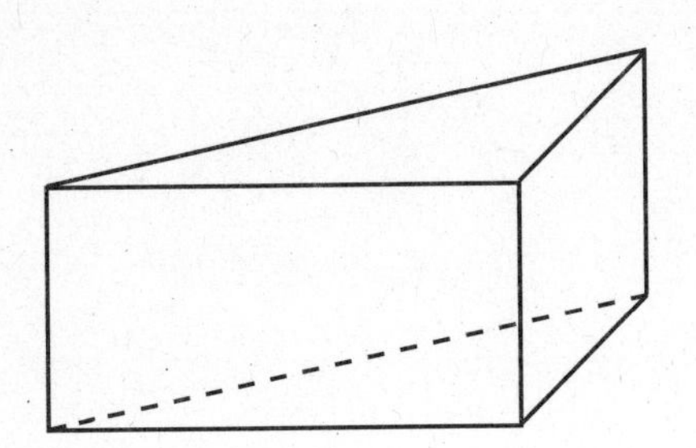

b)

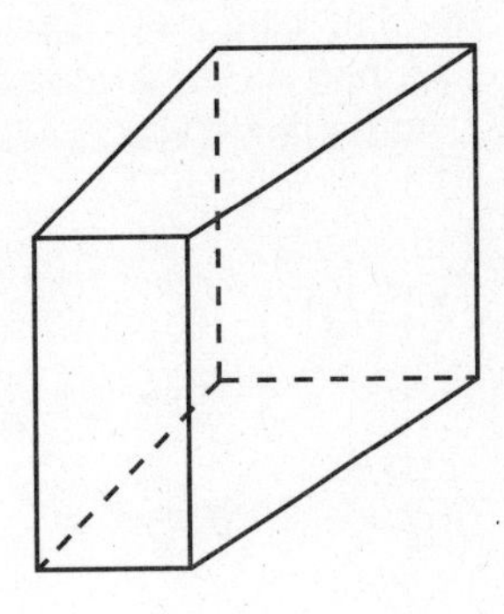

Rissachse

4 Der Würfel ist ein (gerades) vierseitiges Prisma, dessen Begrenzungsflächen alle den gleichen Umfang haben.
Vom Netz eines dreiseitigen Prismas mit der gleichen Eigenschaft ist hier ein Teil gezeichnet.
Vervollständige das Netz.

G

5 Von Prismen sind die Grundfläche und die Höhe gegeben.

a) Zeichne Schrägbilder der Prismen. Richte dich bei der Wahl der vorn liegenden Fläche nach dem Pfeil an der Grundfläche.

b) Miss geeignete Strecken und ermittle den Umfang u und den Flächeninhalt A der Grundflächen sowie den Oberflächeninhalt A_o und das Volumen V der Prismen.

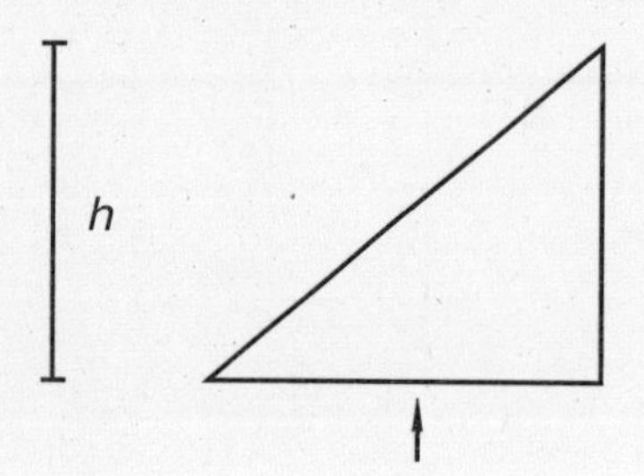

u = ________ A = ________ A_o = ________ V = ________

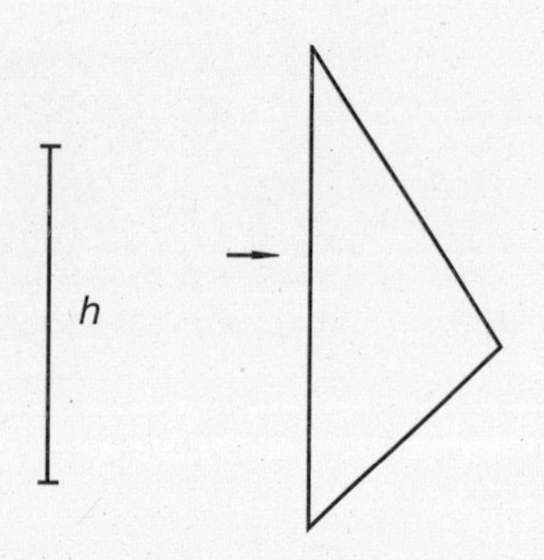

u = ________ A = ________ A_o = ________ V = ________

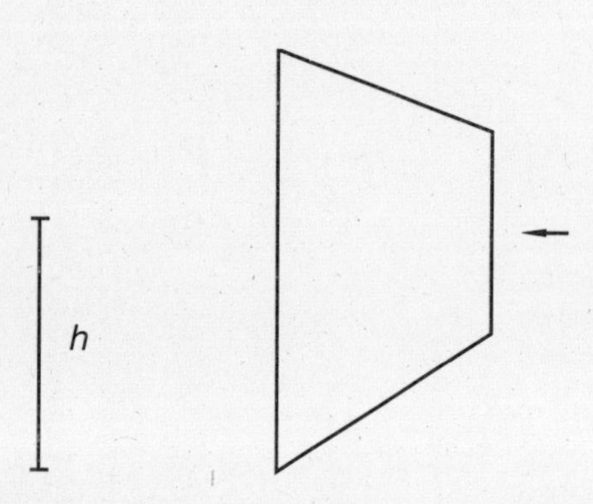

u = ________ A = ________ A_o = ________ V = ________

6* Zwei Schrägbilder des gleichen Quaders (Maßangaben in cm) enthalten Teile ebener Schnittflächen, die den Quader in Prismen zerlegen. Zeichne sie vollständig ein. Berechne das Volumen der Prismen.

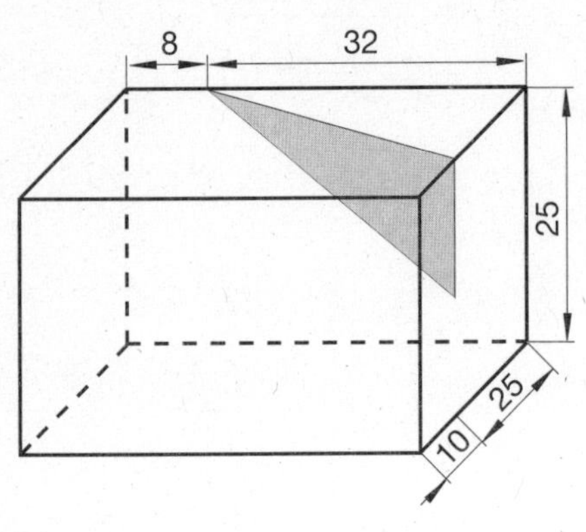

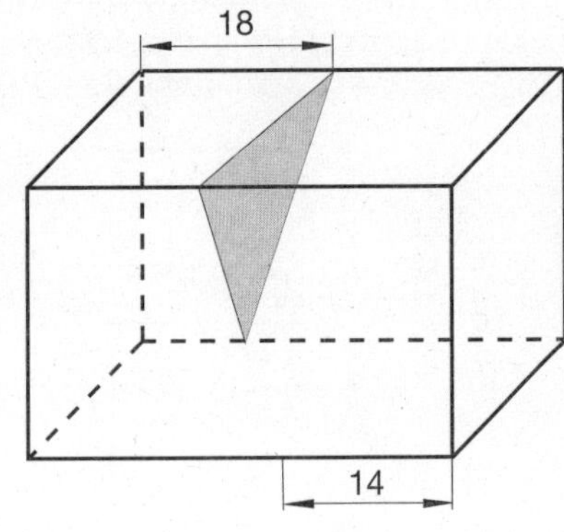

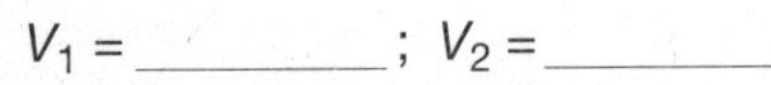

$V_1 =$ ________; $V_2 =$ ________

$V_1 =$ ________; $V_2 =$ ________

7* Lars ist das Einzeichnen einer ebenen Schnittfläche in das Schrägbild eines Quaders misslungen: Die von ihm markierten Schnittpunkte mit den Kanten des Quaders liegen nicht in ein und derselben Ebene, die Schnittfigur ist kein Parallelogramm. Berichtige die Zeichnung auf verschiedene Weise, indem du jedes Mal drei Eckpunkte festhältst und den vierten korrigierst. Zeichne dann die Schnittebene vollständig ein.

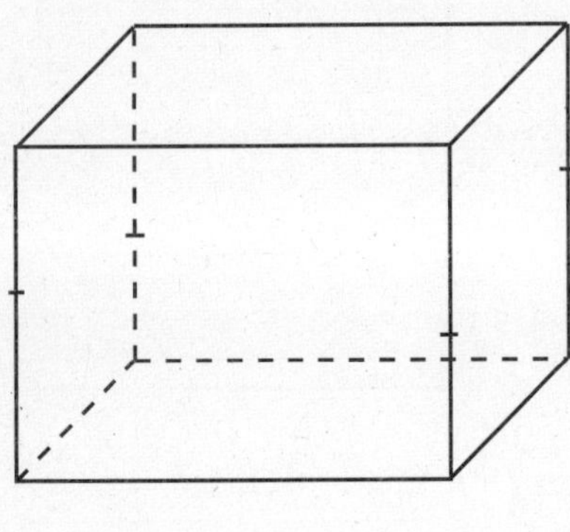

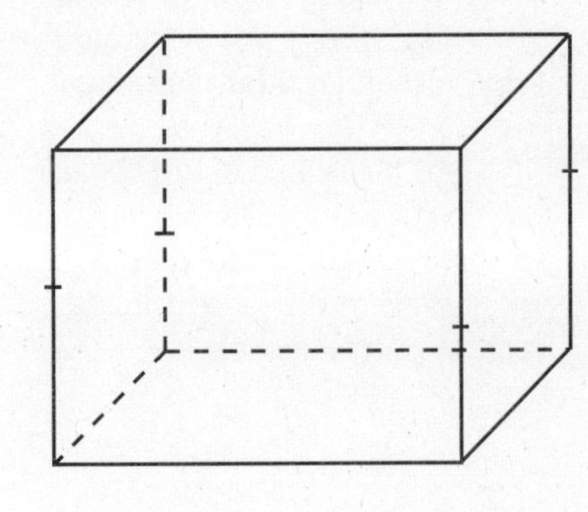

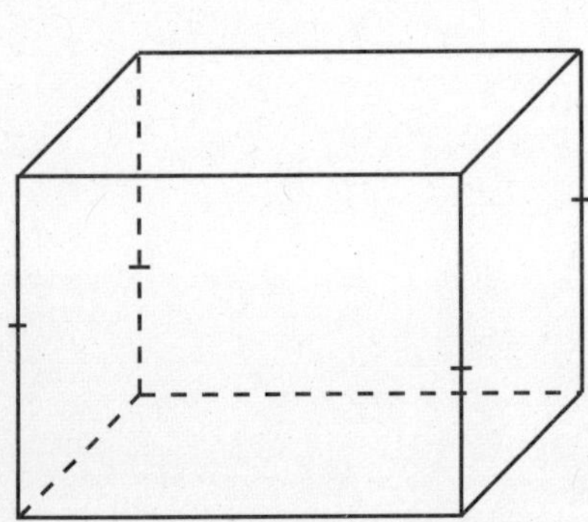

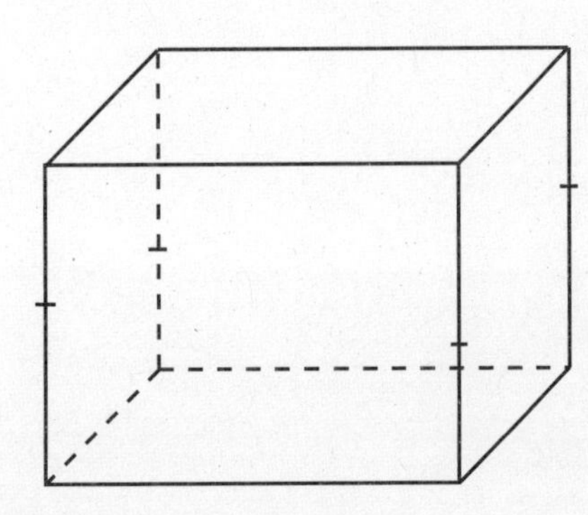

G

8 **a)** Wie viele Ecken, Kanten und Flächen hat der im Schrägbild dargestellte Körper?

b) Zeichne ein Zweitafelbild des Körpers. Benutze den Grund- und Aufriss von *A* und *B*.

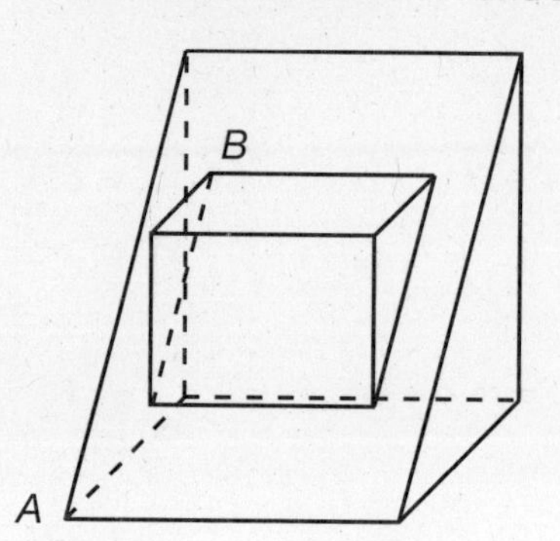

B''

A''

Rissachse

B'

A'

Ecken: ______ Kanten: ______ Flächen: ______

9 Dieses Zweitafelbild (Maßangaben in cm) kann zu unterschiedlichen Prismen gehören. Als Grundfläche kommen ein Sechseck, aber auch verschiedenartige Fünfecke oder Vierecke in Frage. Skizziere für zwei dieser Möglichkeiten ein Schrägbild. Die vorn liegende Kante ist bereits gezeichnet. Ermittle jedes Mal das Volumen des Prismas.

40

12

12

Rissachse

12

12

V = ______

V = ______

10* Die Schrägbilder zeigen Restkörper von Quadern nach dem Entfernen von Prismen. Wie viel Prozent des Quadervolumens wurden eingebüßt?

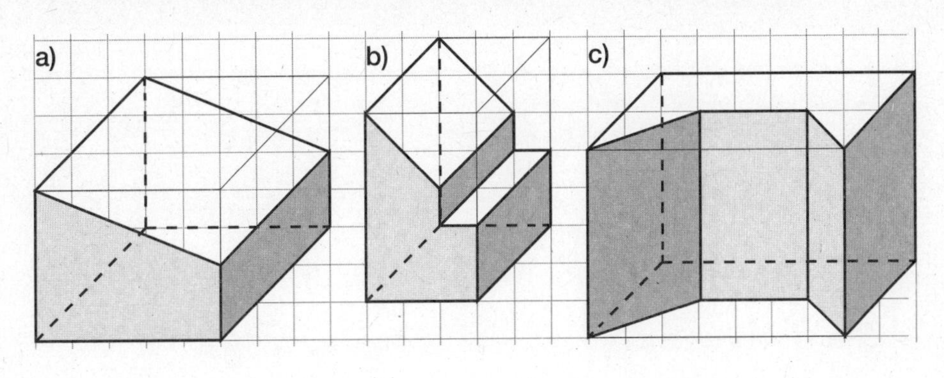

______ ______ ______

11* Bei der Rekonstruktion eines 24 m langen Hauses wird zur besseren Nutzung des Dachgeschosses das vorhandene Satteldach (Querschnitt im Bild links) durch ein Mansardendach (Querschnitt im Bild rechts) ersetzt. Wie viel Prozent beträgt die Zunahme des umbauten Dachraumes?

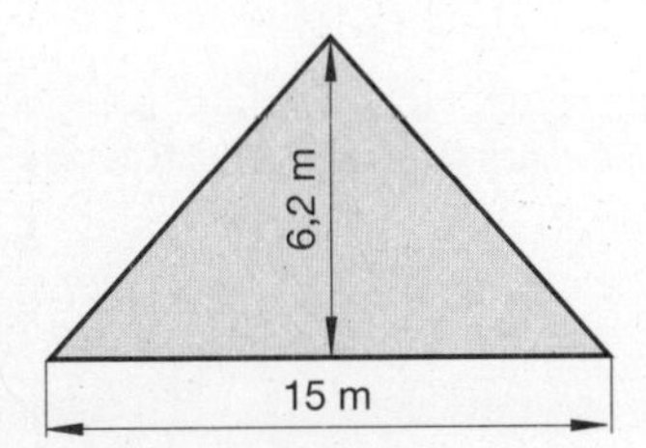

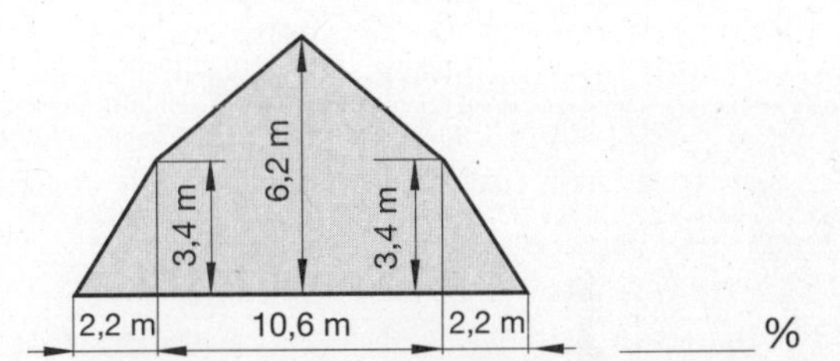

______ %

12 Welche Masse hat ein einzelner der in den abgebildeten Pflasterungen enthaltenen Steine von 7 cm Dicke?
(Maßangaben in cm, Materialdichte 2 g/cm³)

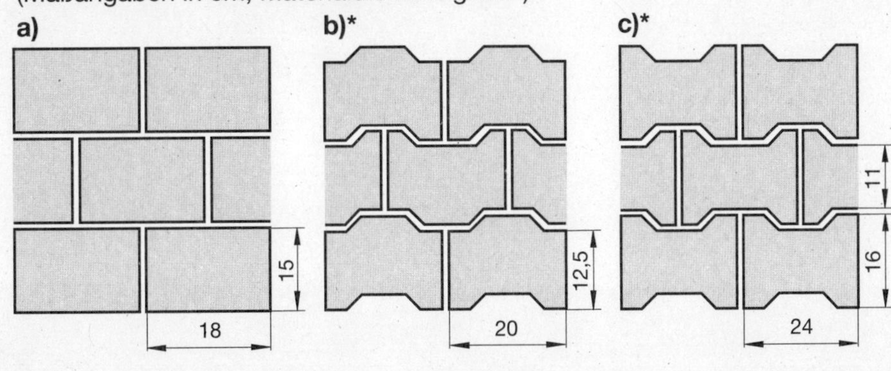

$M =$ ______ $M =$ ______ $M =$ ______

Stochastik

1 Bei einem Würfelspiel wird ein Würfel benutzt, für den folgende Wahrscheinlichkeiten bekannt sind:

Augenzahl	1	2	3	4	5	6
Wahrscheinlichkeit	$\frac{1}{5}$	$\frac{1}{6}$	$\frac{2}{15}$	$\frac{2}{15}$	$\frac{1}{6}$	

a) Ermittle die Wahrscheinlichkeit der Augenzahl 6.
b) Wie groß sind die Wahrscheinlichkeiten folgender Ereignisse?

A: Augenzahl größer als 4: ________

B: gerade Augenzahl: ________

C: Augenzahl kleiner als 4: ________

D: ungerade Augenzahl: ________

2 Gibt es in deiner Klasse bevorzugte Geburtsmonate oder sind die Geburten gleichmäßig auf die Monate verteilt?
Untersucht die Verteilung der Geburten auf die Monate in deiner Klasse, indem ihr die folgenden Tabellen vervollständigt.

Monat	Häufigkeit in der Klasse	relative Häufigkeit
Januar		
Februar		
März		
April		
Mai		
Juni		

Monat	Häufigkeit in der Klasse	relative Häufigkeit
Juli		
August		
September		
Oktober		
November		
Dezember		

Ergebnis: ____

____

3 1989 waren die Geburten und Hochzeiten in Berlin (Ost), Brandenburg, Mecklenburg-Vorpommern, Sachsen, Sachsen-Anhalt und Thüringen wie folgt auf die Monate verteilt:

Monat	Anzahl der Hochzeiten	relative Häufigkeit der Hochzeiten		Anzahl der Geburten	relative Häufigkeit der Geburten
Januar	2978			16835	
Februar	4046			16275	
März	7962			18134	
April	8692			16504	
Mai	17883			17511	
Juni	16515			16456	
Juli	16481			17197	
August	18147			17158	
September	16325			16619	
Oktober	9243			15935	
November	6642			14854	
Dezember	6075			15444	

a) Berechne die relativen Häufigkeiten der Hochzeits- und der Geburtsmonate.

b) Gibt es bevorzugte und wenig beliebte Hochzeitsmonate?

Bevorzugt: ______________________________

Wenig beliebt: ______________________________

c) Gibt es bevorzugte Geburtsmonate? ______________________________

d) Schätze die Wahrscheinlichkeit, mit der ein 1989 geborenes Kind in den Monaten Juli, August oder September geboren wurde. __________

e) Schätze die Wahrscheinlichkeit, mit der 1989 ein Paar in den Monaten Dezember, Januar oder Februar geheiratet hat. __________

4 Dem Statistischen Jahrbuch der Bundesrepublik Deutschland für das Jahr 1996 wurde die Anzahl Neugeborener X in Deutschland, die Anzahl Z der Mädchen unter den Neugeborenen und die Anzahl Y der Neugeborenen, deren Eltern nicht verheiratet waren, für ausgewählte Jahre entnommen.

Jahr	Anzahl Neugeborener X		davon nichtehelich Y	$\frac{Y}{X}$		davon Mädchen Z	$\frac{Z}{X}$
1955	1 113 408		102 555			538 329	
1960	1 261 614		95 321			612 686	
1965	1 325 386		76 543			643 186	
1970	1 047 737		75 802			509 815	
1975	782 310		66 114			379 520	
1980	865 789		102 921			421 641	
1985	813 803		132 032			396 555	
1990	905 675		138 755			440 296	

a) Berechne die relativen Häufigkeiten der nichtehelichen Kinder bzw. der Mädchen unter den Neugeborenen. Runde auf drei Stellen nach dem Komma.

b) Stelle die in Aufgabe **a)** berechneten relativen Häufigkeiten in Abhängigkeit von der Zeit in einem Koordinatensystem grafisch dar.

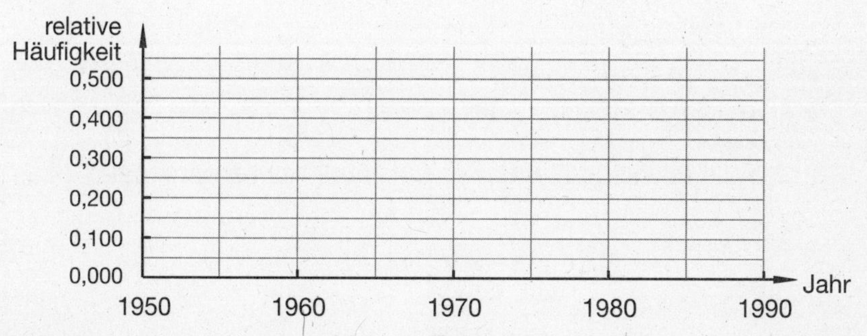

c) Welche der beiden Größen $\frac{Y}{X}$ bzw. $\frac{Z}{X}$ unterliegt zufälligen Schwankungen?
In welcher Weise verändern sich die beiden Größen mit der Zeit?

____

____

5

Stadt	N	J	$\frac{J}{N}$
Chemnitz	3248	1712	
Cottbus	1661	866	
Dessau	1094	545	
Dresden	5838	3020	
Erfurt	2788	1411	
Frankfurt/O.	1191	600	
Görlitz	905	441	
Greifswald	907	471	
Halle/S.	1020	536	
Jena	1255	628	
Magdeburg	3470	1787	
Potsdam	1827	910	
Rostock	3256	1681	
Schwerin	1724	935	
Stralsund	926	471	
Suhl	675	351	
Weimar	721	365	

Im Jahre 1989 wurden die Anzahl der Neugeborenen N sowie die Anzahl J der Jungen unter diesen Neugeborenen in ausgewählten Städten registriert.

a) Berechne die relative Häufigkeit $\frac{J}{N}$ der Jungengeburten in den erfassten Städten.
Runde das Ergebnis auf drei Stellen nach dem Komma.

b) Stelle die Zahlenpaare $\left(N; \frac{J}{N}\right)$ in einem Koordinatensystem grafisch dar.

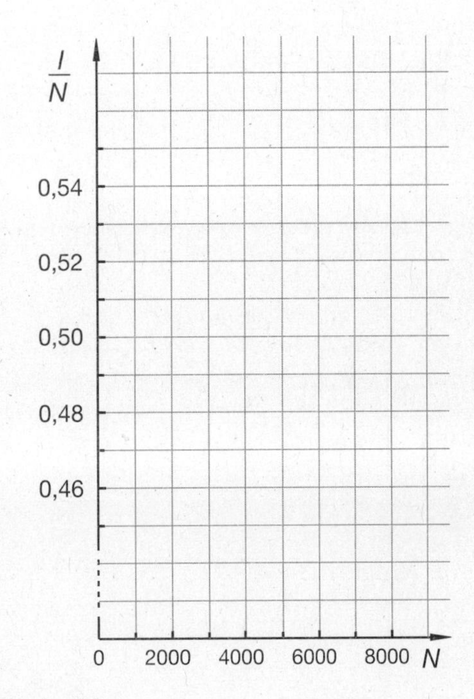

c) Beschreibe das Diagramm aus Aufgabe **b)**.
Bei welchen Neugeborenenzahlen schwankt die relative Häufigkeit am stärksten?

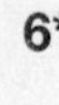

6*

Stadt	G	K	$\frac{K}{G}$
Chemnitz	3248	1712	
Cottbus	4909	2578	
Dessau	6003	3123	
Dresden			
Erfurt			
Frankfurt/O.			
Görlitz			
Greifswald			
Halle/S.			
Jena			
Magdeburg			
Potsdam			
Rostock			
Schwerin			
Stralsund			
Suhl			
Weimar	32506	16730	

Die Daten aus Aufgabe **5** kann man nun schrittweise zusammenfassen. Man addiert für die Spalte G zuerst die Anzahl der Neugeborenen in Chemnitz und Cottbus (= 4909). Dazu addiert man die Anzahl der Neugeborenen in Dessau (= 6003) usw.

a) Berechne die weiteren Werte für G.

b) Fasse wie bei der Berechnung der Werte für G die Daten zur Anzahl der Jungen unter den Neugeborenen zusammen (Spalte K).

c) Berechne die relative Häufigkeit $\frac{K}{G}$ für die zusammengefassten Daten und stelle sie in einem Koordinatensystem grafisch dar.

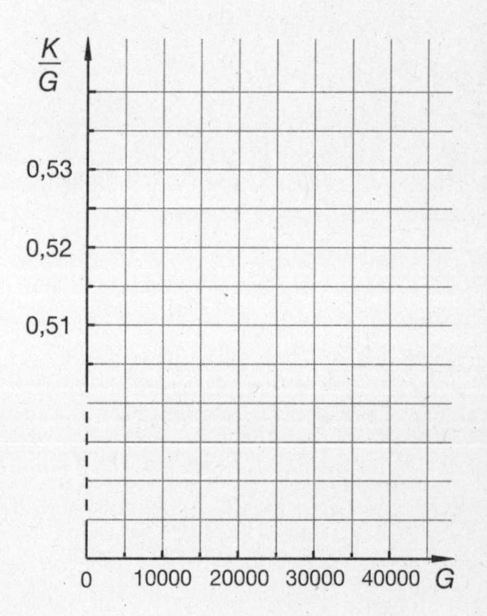

d) Beschreibe das Diagramm aus Aufgabe **c)**. Auf welchen Wert pendelt sich die relative Häufigkeit $\frac{K}{G}$ ein?

Tägliche Übungen

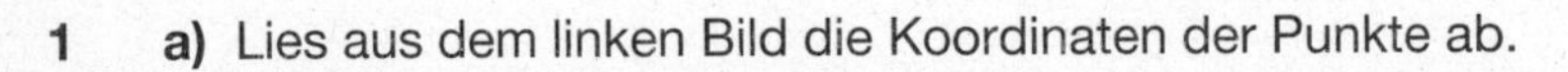

1 **a)** Lies aus dem linken Bild die Koordinaten der Punkte ab.

A (___ ; ___) *B* (___ ; ___) C (___ ; ___) *D* (___ ; ___) *E* (___ ; ___) *F* (___ ; ___)

b) Trage in das rechte Koordinatensystem die Punkte *G* (2; 1), *H* (10; 1), *I* (13; 4), K (2; 9), *L* (10; 9) und *M* (13; 12) ein.

c) Zeichne die Strecken $\overline{GH}$, $\overline{HI}$, $\overline{GI}$, $\overline{GK}$, $\overline{HL}$, $\overline{IM}$, $\overline{KL}$, $\overline{LM}$ und $\overline{KM}$ ein.

d) Beschreibe, was in den beiden Bildern dargestellt ist.

____

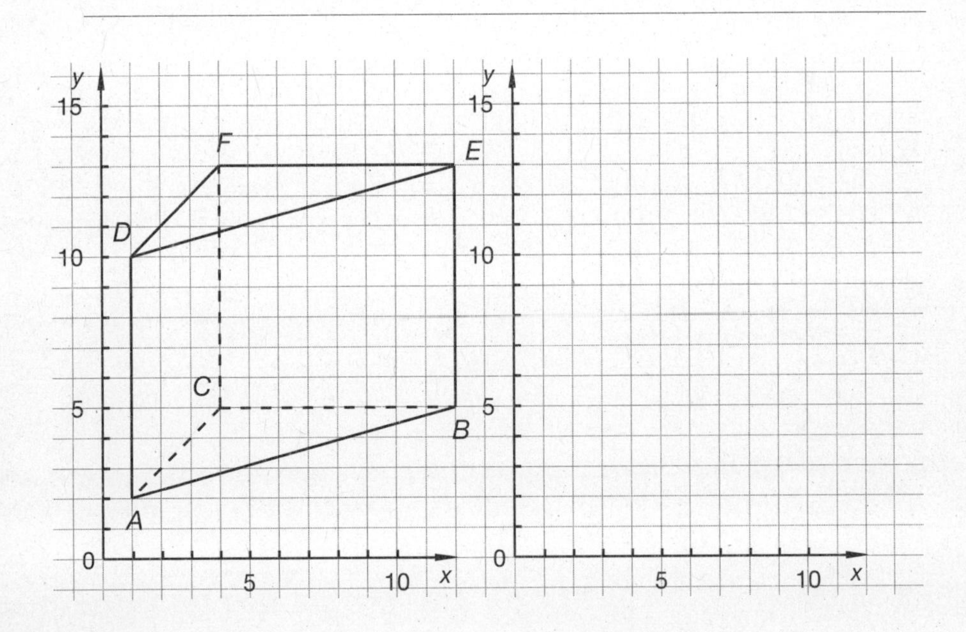

2 Ergänze die folgenden Tabellen. Was fällt dir jeweils auf?

a)

x	2,5	7,5	10	15
y	17,5	12,5	10	2,5
$x + y$				
$x : y$				
$x \cdot y$				

b)

x	0,8	2,4	1,5	1,0
y	6,0	2,0	3,2	4,8
$x - y$				
$y : x$				
$x \cdot y$				

3 Gib jeden Anteil als Bruch und als Prozentsatz an.

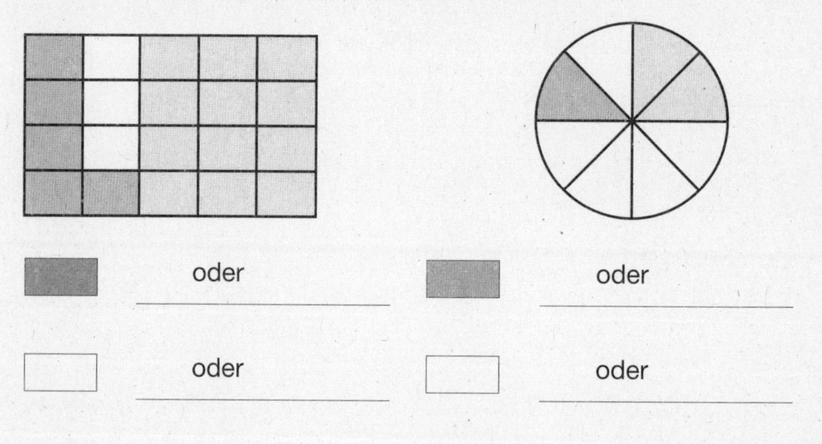

oder ____________ oder ____________

oder ____________ oder ____________

oder ____________ oder ____________

4 **a)** Färbe 10 % der Figur rot und 60 % der Figur blau. Gib jeden Anteil auch als Bruch an.

rot: —; blau: —; weiß: — oder ___ %

b) Färbe 25 % der Figur rot und $33\frac{1}{3}$ % der Figur blau. Gib jeden Anteil auch als Bruch an.

rot: —; blau: —; weiß: — oder ___ %

5 Vervollständige.

a) 25 % von 600 DM sind ____________.

b) 60 % von 600 kg sind ____________.

c) ____________ % von 200 m sind 100 m.

d) ____________ % von 500 Schülern sind 100 Schüler.

e) 10 % von ____________ sind 51 g.

f) 75 % von ____________ sind 600 ha.

g) 5 % von ____________ sind 120 kg.

6 Finde die fehlenden Kettenglieder.

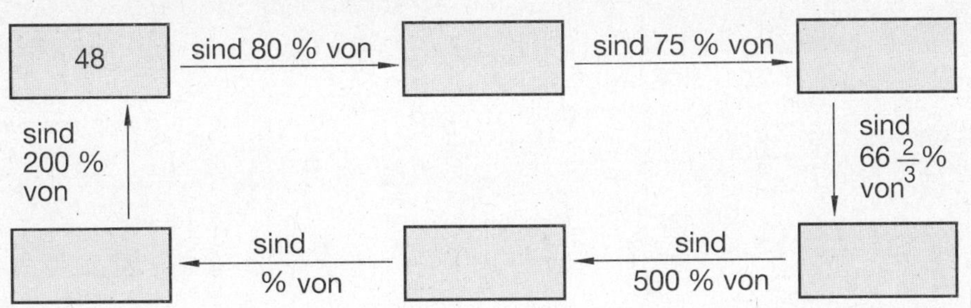

7 Preisveränderungen werden oft mit Prozentsätzen angegeben, zum Beispiel eine Preissteigerung um 10 %. Berechne die fehlenden Angaben.

a) Ein Preis wird von 750 DM um 20 % auf ________________ erhöht.

b) Ein Preis wird von 850 DM um 3 % auf ________________ gesenkt.

c) Ein Preis wird von 570 DM um ____________ % auf 513 DM gesenkt.

d) Ein Preis wird von 420 DM um ____________ % auf 441 DM erhöht.

e) Ein Preis wird von ________________ um 25 % auf 550 DM erhöht.

f) Ein Preis wird von ______________ um $33\frac{1}{3}$ % auf 4,14 DM gesenkt.

8 Überschlage.

a) 28 % von 385 m sind ungefähr ______________ .

b) 47 % von 647 kg sind ungefähr ______________ .

c) 15 % von 238 DM sind ungefähr ______________ .

d) 46 m von 520 m sind ungefähr ______________ %.

e) 350 ha von 800 ha sind ungefähr ___________ %.

f) 3,7 km von 15,8 km sind ungefähr __________ %.

g) 3,2 t sind 58 % von ungefähr ______________ .

h) 58 m^2 sind 75 % von ungefähr ______________ .

i) 16 l sind 12 % von ungefähr ______________ .

9 **a)** Aus einem Quadrat *ABCD* mit einem Flächeninhalt von 121 cm^2 wird ein kleineres Quadrat *EFGH* herausgeschnitten. Das verbliebene Achteck *AEHGFBCD* hat einen Flächeninhalt von 85 cm^2.
Welche Seitenlänge und welchen Umfang hat das Quadrat *EFGH*?

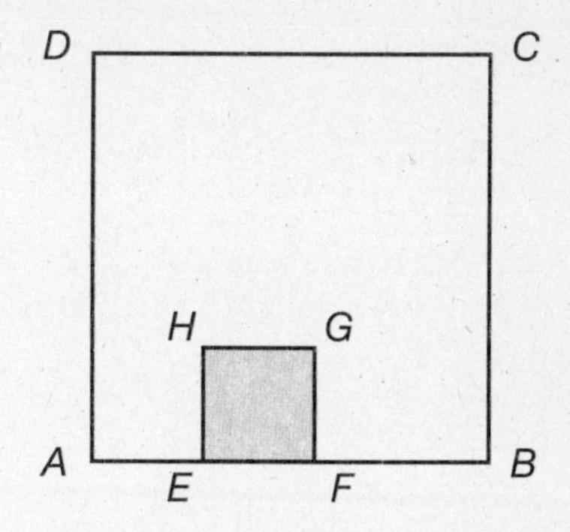

$a =$ ________ $u =$ ________

10 Im Bild wurde ein Dreieck markiert, dessen Eckpunkte alle auf Gitterpunkten liegen. Wie viele verschiedene (das heißt nicht kongruente) Dreiecke lassen sich so markieren? Zeichne diese.

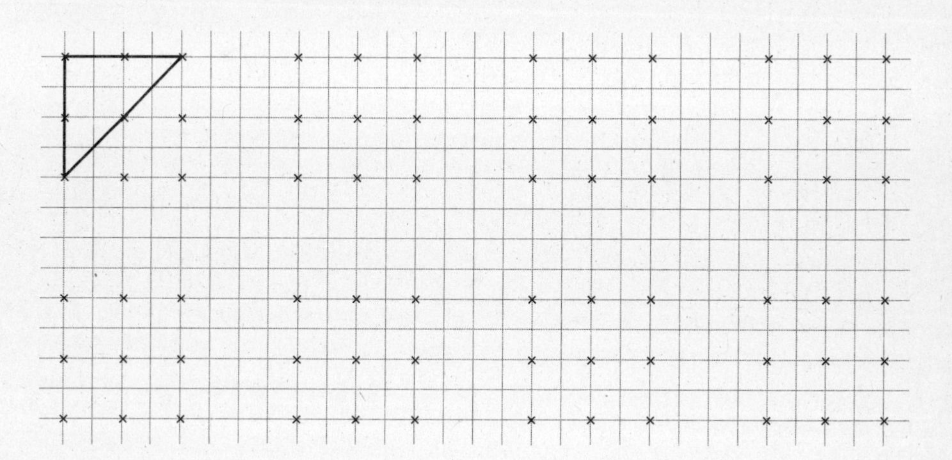

11 Konstruiere das Dreieck *ABC* mit $a = 4$ cm, $b = 3{,}2$ cm und $\gamma = 75°$.
Bestimme den Radius seines Umkreises und seines Inkreises.

$r_{Umkreis} \approx$ ____________

$r_{Inkreis} \approx$ ____________

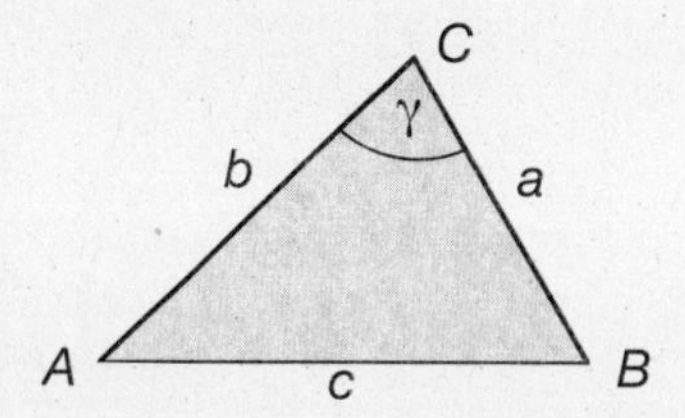

12 Setze das richtige Relationszeichen ein.

a) 12,72 ☐ 12,9   – 17 ☐ – 108   – 0,05 ☐ 0,01

b) – 109 ☐ – 2   0 ☐ –1,05   –16,7 ☐ – 16,69

c) $-\frac{1}{2}$ ☐ – 0,5   71,08 ☐ – 9062 $\frac{4}{5}$ ☐ – 0,8

13 Fülle folgenden Tabellen aus. Subtrahiere bei **b)** die Zahl in der oberen Zeile von der Zahl in der linken Spalte. Dividiere bei **d)** die Zahl in der linken Spalte durch die Zahl in der oberen Zeile.

a)

+	6,5	$-\frac{3}{2}$	– 2,4
$\frac{3}{4}$			
– 2,5			
5,6			
$-\frac{7}{8}$			

b)

–	2,5	– 4,6	– 0,8
$\frac{1}{2}$			
– 2,3			
$-\frac{4}{5}$			
+ 4,6			

c)

·	1,5	– 0,9	– 2,4
– 3			
0,5			
– 6			
– 0,02			

d)

:	$\frac{5}{8}$	$\frac{3}{4}$	$-\frac{2}{3}$
$\frac{3}{2}$			
$-\frac{5}{6}$			
$-\frac{15}{16}$			
$\frac{4}{3}$			

14 Gegeben sind die folgenden Zahlen: 2,4; – 3,2; 12,5; – 11,2; –1,3; 0,5; –0,5.

a) Ordne die Zahlen der Größe nach. Beginne mit der größten Zahl.

______ ______ ______ ______ ______ ______ ______

b) Addiere zu jeder Zahl 1,3. Ordne die so entstandenen Zahlen wie in **a)**.

______ ______ ______ ______ ______ ______ ______

c) Subtrahiere von jeder der ursprünglichen Zahlen 0,9. Ordne die so entstandenen Zahlen wie in **a)**.

______ ______ ______ ______ ______ ______ ______

d) Multipliziere jede Zahl aus **a)** mit – 1,5. Ordne die so entstandenen Zahlen.

______ ______ ______ ______ ______ ______ ______

e) Dividiere jede Zahl aus **a)** durch – 2. Ordne die so entstandenen Zahlen.

______ ______ ______ ______ ______ ______ ______

15 Übung macht den Meister. Die Aufgaben kannst du im Kopf lösen. Notiere nur das Ergebnis.

$78 + (-23) =$	$0{,}25 + (-0{,}75) =$	$3{,}8 + (-2{,}4) =$
$-9{,}3 + 7{,}4 =$	$-\frac{4}{6} + \frac{2}{3} =$	$-4{,}2 + 3{,}4 =$
$-12{,}6 - 2{,}6 =$	$-\frac{4}{5} - (-0{,}2) =$	$6{,}4 + (-7{,}4) =$
$-42 - (-58) =$	$0{,}875+(-2{,}75)=$	$-1{,}9 - (-9{,}1) =$
$4{,}8 - (-6{,}2) =$	$-\frac{7}{4} - 3{,}25 =$	$-2{,}6 + (-6{,}4) =$
$\left(-\frac{4}{5}\right) \cdot 10 =$	$4{,}8 - \left(-\frac{1}{5}\right) =$	$2{,}5 \cdot \left(-\frac{1}{5}\right) =$
$-7 \cdot \left(-\frac{5}{21}\right) =$	$-\frac{1}{10} \cdot \frac{5}{6} =$	$\frac{4}{7} \cdot (-0{,}375) =$
$-23 : 0{,}5 =$	$-\frac{3}{4} + \left(-\frac{7}{8}\right) =$	$\left(-\frac{3}{4}\right) : \frac{3}{2} =$

16 Gib je zwei Strecken bzw. Geraden an, für die gilt:

		1. Lösung	2. Lösung
a)	Sie ist Radius des Kreises.		
b)	Sie ist Durchmesser des Kreises.		
c)	Sie ist Tangente an den Kreis.		
d)	Sie ist Sekante des Kreises.		
e)	Sie ist Sehne des Kreises.		

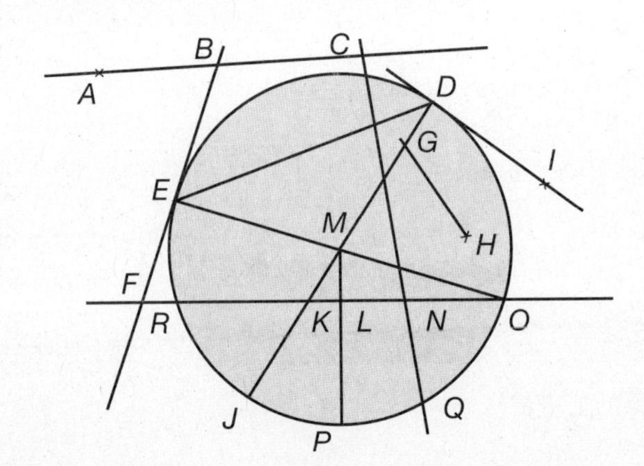

17 Schätze den Umfang und den Flächeninhalt des Kreises.

a) $r = 3$ cm

$u \approx$ __________

$A \approx$ __________

b) $r = 20$ cm

$u \approx$ __________

$A \approx$ __________

c) $d = 12$ m

$u \approx$ __________

$A \approx$ __________

18 Berechne den Umfang und den Flächeninhalt der Figuren.

a) 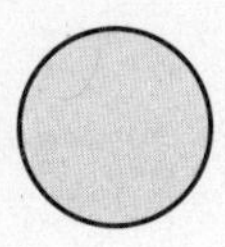

b) 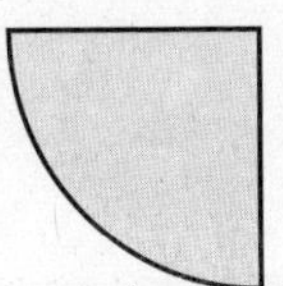

c) 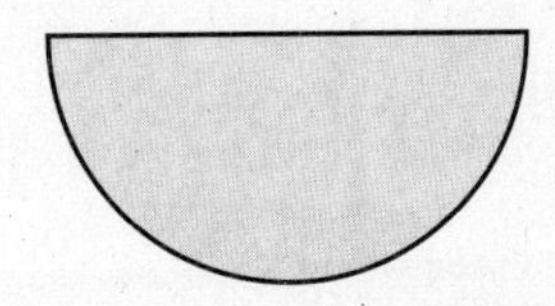

19 Löse die Gleichungen. Nutze einen Taschenrechner. Entscheide, ob du die Lösung der Gleichung genau angegeben oder gerundet hast.

a) $1{,}73 \cdot x = 11{,}245$ $x =$ ____________________

b) $-12{,}73 \cdot a = -3{,}65$ $a =$ ____________________

c) $5{,}3 \cdot x + 2{,}78 = 2{,}3 \cdot x$ $x =$ ____________________

d) $a : 25{,}8 = 12{,}4 : 3{,}7$ $a =$ ____________________

e) $23{,}63 \cdot x = 1{,}54 \cdot x - 99{,}405$ $x =$ ____________________

f) $47{,}38 - 78{,}54 = \frac{5}{2} \cdot a + 12{,}3$ $a =$ ____________________

g) $\frac{2{,}75 \cdot x}{0{,}85} = 0{,}358$ $x =$ ____________________

20 Beschreibe die angegebenen Terme ausführlich wie im Beispiel.

BEISPIEL: $2 \cdot x + 1$: Der Term ist eine Summe, wobei ein Summand das Produkt aus 2 und einer Zahl x ist und der andere Summand 1 ist.

a) $3 + 2 \cdot x$ ____________________

b) $3 \cdot x - 5$ ____________________

c) $\frac{5 \cdot x}{3}$ ____________________

d) $\frac{x}{x+1}$ ____________________

e) $4 \cdot (x - 1)$ ____________________

f) $4 \cdot x - 1$ ____________________